U0122022

Premiere Pro CS5 多媒体制作

教程

成昊 王成志 编著

科学出版社

内 容 简 介

本书采用案例讲解的方法，精选实用、够用的案例，将Premiere Pro CS5多媒体制作的各个知识要点和应用技巧融会贯通。

全书共11章。第1～2章为Premiere Pro CS5多媒体制作的基础入门，主要包含Premiere Pro CS5界面、功能以及简单的实训等内容。第3～9章为多媒体制作流程中所需的知识和技巧，主要包含影片的基本剪辑技术、在视频中应用切换效果、为影片添加标题字幕、对视频应用特效、设置素材的运动效果、为影片添加音频、文件输出等内容。第10～11章为综合案例实训，通过2个综合案例——制作军事博览片头和制作旅游专题短片将Premiere Pro CS5多媒体制作的重要知识融会贯通，帮助读者提升多媒体制作的综合职业技能。

本书为用书教师提供超值的立体化教学资源包，主要包含素材与效果文件、与书中内容同步的多媒体教学视频（50小节，168分钟）、电子课件、附赠的教学案例及其使用说明、习题的参考答案和课程设计，为教师的教学和学生的学习提供了极大便利，内容丰富，非常实用。

本书图文并茂，层次分明，语言通俗易懂，非常适合多媒体制作的初、中级用户学习，配合立体化教学资源包，特别适合作为职业院校、成人教育、大中专院校和计算机培训学校相关课程的教材。

图书在版编目（CIP）数据

新概念 Premiere Pro CS5 多媒体制作教程/成昊，王成志编著.—北京：科学出版社，2011.5
ISBN 978-7-03-030674-6

Ⅰ. ①新… Ⅱ. ①成… ②王… Ⅲ. ①图形软件，Premiere Pro CS5—教材 Ⅳ. ①TP391.41

中国版本图书馆 CIP 数据核字（2011）第 053658 号

责任编辑：桂君莉 丁小静 / 责任校对：杨慧芳
责任印刷：新世纪书局 / 封面设计：彭琳君

科 学 出 版 社 出版

北京东黄城根北街 16 号
邮政编码：100717
http://www.sciencep.com

中国科学出版集团新世纪书局策划

北京市鑫山源印刷有限公司

中国科学出版集团新世纪书局发行 各地新华书店经销

*

2011 年 6 月 第 一 版   开本：16 开
2011 年 6 月第一次印刷   印张：16.5
印数：1—4 000   字数：401 000

定价：32.00 元

（如有印装质量问题，我社负责调换）

一、编写目的

"新概念"系列教程于 2000 年初上市，当时是图书市场中唯一的 IT 多媒体教学培训图书，以其易学易用、高性价比等特点倍受读者欢迎。在历时 11 年的销售过程中，我们按照同时期最新、最实用的多媒体教学理念，根据用书教师和读者需求对图书的内容、体例、写法进行过 4 次改进，丛书发行量早已超过 300 万册，是深受计算机培训学校、职业教育院校师生喜爱的首选教学用书。

随着《国家中长期教育改革和发展规划纲要（2010～2020 年)》的制定和落实，我国职业教育改革已进入一个活跃期，地方的教育改革和制度创新的案例日渐增多。为了顺应教改的大潮流，我们迎来了本系列教程第 6 版的深度改版升级。

为此，我们组织国内 26 名职业教育专家、43 所著名职业院校和职业培训机构的一线优秀教师联合策划与编写了"第 6 版新概念"系列丛书——"十二五"职业教育计算机应用型规划教材。

二、丛书的特色

本丛书作为"十二五"职业教育计算机应用型规划教材，根据《国家中长期教育改革和发展规划纲要（2010～2020 年)》职业教育的重要发展战略，按照现代化教育的新观念开发而来，为您的学习、教学、工作和生活带来便利，主要有如下特色。

- **强大的编写团队。** 由 26 名职业教育专家、43 所著名职业院校和职业培训机构的一线优秀教师联合组成。
- **满足教学改革的新需求。** 在《国家中长期教育改革和发展规划纲要（2010～2020 年)》职业教育重要发展战略的指导下，针对当前的教学特点，以职业教育院校为对象，以"实用、够用、好用、好教"为核心，通过课堂实训、案例实训强化应用技能，最后以来自行业应用的综合案例，强化学生的岗位技能。
- **秉承"以例激趣、以例说理、以例导行"的教学宗旨。** 通过对案例的实训，激发读者兴趣，鼓励读者积极参与讨论和学习活动，让读者可以在实际操作中掌握知识和方法，提高实际动手能力、强化与拓展综合应用技能。
- **好教、好用。** 每章均按内容讲解、课堂实训、案例实训、课后习题和上机操作的结构组织内容，在领悟知识的同时，通过实训强化应用技能。在开始讲解之前，归纳出所讲内容的知识要点，便于读者自学，方便学生预习、教师讲课。

三、立体化教学资源包

为了迎合现代化教育的教学需求，我们为丛书中的每一本书都开发了一套立体化多媒体教学资源包，为教师的教学和学生的学习提供了极大的便利，主要包含以下元素。

- **素材与效果文件。** 为书中的实训提供必要的操作文件和最终效果参考文件。
- **与书中内容同步的教学视频。** 在授课中配合此教学视频演示，可代替教师在课堂上的演示操作，这样教师就可以将授课的重心放在讲授知识和方法上，从而大大提高课堂授课效果，同时学生课后还可以参考教学视频，进行课后演练和复习。
- **电子课件。** 完整的 PowerPoint 演示文档，协助用书教师优化课堂教学，提高课堂质量。

- **附赠的教学案例及其使用说明。** 为教师课堂上的举例和教学拓展提供多个实用案例，丰富课堂内容。
- **习题的参考答案。** 为教师评分提供参考。
- **课程设计。** 提供多个综合案例的实训要求，为教师布置期末大作业提供参考。

用书教师请致电（010）64865699 转 8067/8082/8081/8033 或发送 E-mail 至 bookservice@126.com 免费索取此教学资源包。

四、丛书的组成

新概念 Office 2003 三合一教程

新概念 Office 2003 六合一教程

新概念 Photoshop CS5 平面设计教程

新概念 Flash CS5 动画设计与制作教程

新概念 3ds Max 2011 中文版教程

新概念网页设计三合一教程—— Dreamweaver CS5、Flash CS5、Photoshop CS5

新概念 Dreamweaver CS5 网页设计教程

新概念 CorelDRAW X5 图形创意与绘制教程

新概念 Premiere Pro CS5 多媒体技术教程

新概念 After Effects CS5 影视后期制作教程

新概念 Office 2010 三合一教程

新概念 Excel 2010 教程

新概念计算机组装与维护教程

新概念计算机应用基础教程

新概念文秘与办公自动化教程

新概念 AutoCAD 2011 教程

新概念 AutoCAD 2011 建筑制图教程

......

五、丛书的读者对象

"第 6 版新概念"系列教材及其配套的立体化教学资源包面向初、中级读者，尤其适合用作职业教育院校、大中专院校、成人教育院校和各类计算机培训学校相关课程的教材。即使没有任何基础的自学读者，也可以借助本套丛书轻松入门，顺利完成各种日常工作，尽情享受 IT 的美好生活。对于稍有基础的读者，可以借助本套丛书快速提升综合应用技能。

六、编者寄语

"第 6 版新概念"系列教材提供满足现代化教育新需求的立体化多媒体教学环境，配合一看就懂、一学就会的图书，绝对是计算机职业教育院校、大中专院校、成人教育院校和各类计算机培训学校以及计算机初学者、爱好者的理想教程。

由于编者水平有限，书中疏漏之处在所难免。我们在感谢您选择本套丛书的同时，也希望您能够把对本套丛书的意见和建议告诉我们。联系邮箱：l-v2008@163.com。

丛书编著者

2011 年 4 月

Contents 目 录

第 *1* 章

走进 Premiere Pro CS5

本章导读

本章主要讲解 Premiere Pro CS5 软件的一些基础知识，包括影视的色彩编辑、常用的图形图像格式、常用的基础术语，以及 Premiere Pro CS5 功能强大的操作界面和丰富的菜单命令。

知识要点

- ✪ Premiere Pro CS5 功能
- ✪ 安装 Premiere Pro CS5 程序
- ✪ 认识界面中的每个窗口面板

- ✪ 菜单功能简介
- ✪ 环境参数的设置

1.1 Premiere Pro CS5 功能概述

Premiere 是一款处理和制作数字化影视作品的软件。它能够很方便地对影视作品进行剪辑、配音、重组、粘贴；并且自身附带非常丰富的切换、特效、字幕效果功能，能够轻而易举地进行各种复杂的多媒体编辑，使热衷于制作影视作品的人们梦想成真。它不仅是专业人士创作影视作品的有力工具，也是业余人士涉足多媒体世界的得力助手。

Premiere Pro CS5 在界面上有了较大改变，软件的操作更加简单、直观。在桌面上双击 ▦ 快捷方式按钮，打开 Premiere Pro CS5 应用程序。如果桌面上没有快捷方式按钮，就需要单击屏幕左下方的"开始"按钮，从弹出的选项中选择"所有程序"|"Adobe"|"Adobe Premiere Pro CS5 中文版"|"Adobe Premiere Pro CS5"选项，如图 1.1 所示。启动后的 Premiere Pro CS5 首先进入欢迎使用界面，如图 1.2 所示。

- **最近使用项目：**将最近编辑过的项目文件罗列出来，单击其中的一个可以直接进入主界面，对其继续编辑。
- **新建项目：**单击该按钮，打开"新建项目"对话框，在该对话框中选择项目文件所保存的路径及项目文件的名称，如图 1.3 所示，单击"确定"按钮进入到"新建序列"界面中，对序列进行命名，单击"确定"按钮进入主界面。
- **打开项目：**单击该按钮，打开以前编辑的项目文件。若项目文件没有在"最近使用项目"列表中列出，则只能通过"打开项目"按钮打开。
- **帮助：**单击该按钮，可以打开在线帮助文件。
- **退出：**单击该按钮，则直接退出 Adobe Premiere Pro CS5 程序。

图 1.1　选择 "Adobe Premiere Pro CS5"　　　　图 1.2　欢迎使用界面

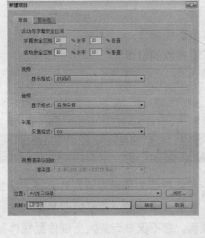

图 1.3　"新建项目" 和 "新建序列" 对话框

　　Premiere Pro CS5 界面如图 1.4 所示，界面将编辑功能编制成一些专门的窗口，这是根据编辑素材的要求和操作习惯，灵活安排适合编辑模式的窗口布局。默认的界面窗口包括 11 个部分。

　　(1) 菜单栏：将命令通过菜单的形式分类组织到一起。

　　(2) 项目窗口：整个项目制作的核心，用于导入所有的基本素材。

　　(3) 监视器面板：分为 "源监视器" 窗口和 "节目监视器" 窗口。

　　(4) 特效控制台面板：主要对素材进行基本设置，以及对特效、切换效果进行设置。

　　(5) 调音台：对音频进行设置及录音。

　　(6) 主音频计量器：播放音频时会显示音频的高低。

　　(7) 工具：存放视频、音频片段的剪辑工具。

　　(8) 时间线窗口：用于对整个节目的各个素材进行编辑。

　　(9) 信息面板：显示当前选中素材的有关信息，例如类型、持续时间、入点、出点等。

（10）历史面板：将所有操作过的动作按先后顺序排列出来，允许返回到以前的操作。

（11）效果面板：存放素材所用到的视频特效、视频切换效果、音频特效、音频切换效果。

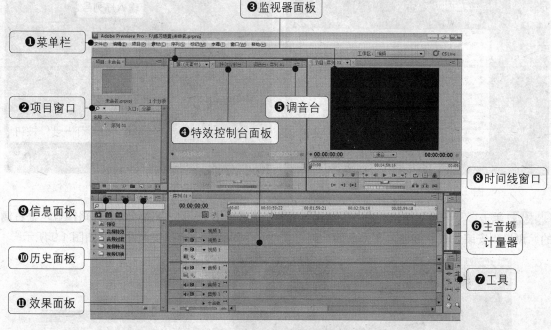

图 1.4　Premiere Pro CS5 界面

1.2　安装 Premiere Pro CS5

如果用户的计算机中已经安装了 Premiere Pro CS5，就跳过本节内容；如果还没有安装，就按照本节的介绍一步一步地进行安装。

1.2.1　安装之前的准备工作

由于 Premiere Pro CS5 需要处理大量的视频、音频、图像和动画等多媒体素材，同时还需要进行素材的采集以及作品的输出等工作，因此过低的硬件配置会延长操作的等待时间，降低工作效率。

1.2.2　开始安装

下面将对 Premiere Pro CS5 的安装进行介绍，其操作步骤如下。

1. 安装 Premiere Pro CS5 程序

Step 01 打开安装程序所放置的位置，双击 Setup.exe，打开"Adobe 安装程序：初始化安装程序"面板，如图 1.5 所示。

Step 02 进入"Adobe 软件许可协议"面板，单击"接受"按钮，继续安装，如图 1.6 所示。

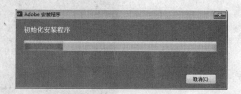

图 1.5　进入初始化安装

Step 03 进入"序列号"面板，在"提供序列号"下输入序列号，输入正确时，在后面会出现"√"，说明序列号正确，可以继续安装，序列号输入正确后在右侧会弹出一个"选择语言"下拉列表，在列表中选择"English（International）"如图 1.7 所示。

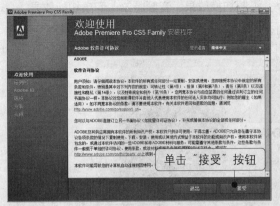

图 1.6 "欢迎使用"面板

图 1.7 输入序列号

Step 04 单击"下一步"按钮，进入"选项"面板，如图 1.8 所示。单击"位置"路径显示框右侧的"浏览到安装位置"按钮，在弹出的"浏览文件夹"对话框中选择安装路径，如图 1.9 所示。

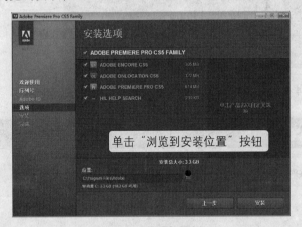

图 1.8 "选项"面板

图 1.9 选择安装路径

Step 05 单击"安装"按钮，进入"安装"面板，在该面板中会显示安装进度，如图 1.10 所示，安装需要等待几分钟。

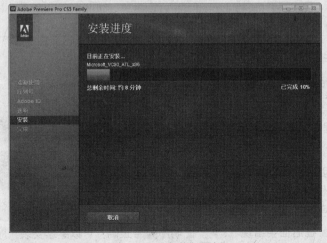

图 1.10 "安装"面板

Step 06 安装完成后，进入"完成"面板，如图 1.11 所示，直接单击"完成"按钮即可。

图 1.11 安装完成

2. 安装汉化程序

安装完 Premiere Pro CS5 后，下面将安装汉化程序对其进行汉化，其操作步骤如下。

Step 01 双击汉化安装软件，弹出"安装-Adobe Premiere Pro CS5 中文化程序"面板，单击"下一步"按钮，进入"许可协议"面板，选择"我同意此协议"单选项，单击"下一步"按钮，如图 1.12 所示。

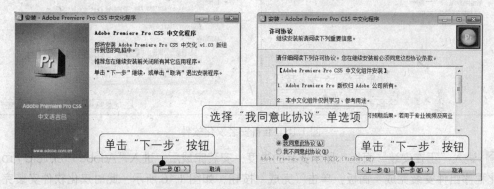

图 1.12 进入"许可协议"面板

Step 02 进入"信息"面板中，单击"下一步"按钮，进入"选择目标位置"面板，选择安装的位置，这里使用默认路径，单击"下一步"按钮，如图 1.13 所示。

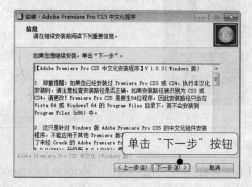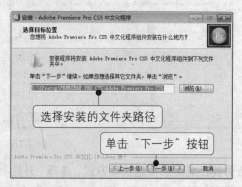

图 1.13 选择汉化安装的位置

Step 03 进入"选择组件"面板中，选择需要安装的组件，若不想安装则可在列表中取消复选框的勾选，单击"下一步"按钮，进入"选择开始菜单文件夹"面板，选择快捷方式创建的位置，这里使用默认设置，单击"下一步"按钮，如图 1.14 所示。

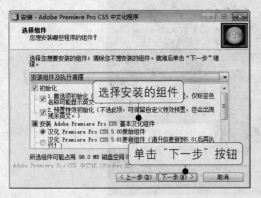

图 1.14　安装组件及创建快捷方式

Step 04 进入"选择附加任务"面板，使用默认选择，单击"下一步"按钮，进入"准备安装"面板，单击"安装"按钮，如图 1.15 所示。

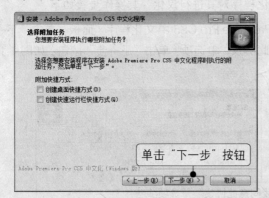

图 1.15　准备安装汉化软件

Step 05 进入"正在安装"面板，显示安装的进度，安装完成后，进入"Adobe Premiere Pro CS5中文化程序组件安装完成"面板，单击"完成"按钮，如图 1.16 所示，此时汉化软件安装完成。

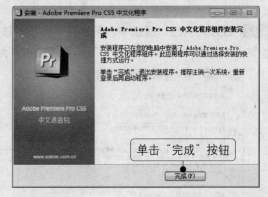

图 1.16　安装完毕

　　若需要在桌面上创建快捷方式，选择"开始" | "所有程序" | "Adobe" | "Adobe Premiere Pro CS5 中文版" | "Adobe Premiere Pro CS5"命令，并单击鼠标右键，在弹出的快捷菜单中选择"发

送到″|″桌面快捷方式″命令，如图 1.17 所示，在桌面上创建快捷方式。

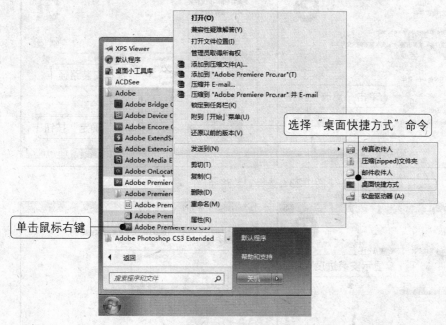

图 1.17　创建快捷方式

1.2.3　安装 QuickTime

安装 QuickTime 的操作步骤如下。

Step 01　双击″QuickTimeInstaller.exe″，弹出″Windows Installer″对话框，如图 1.18 所示，几秒钟后会进入欢迎使用面板。

Step 02　单击″下一步″按钮，进入″许可协议″面板，单击″是″按钮，如图 1.19 所示。

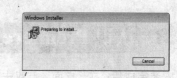

图 1.18　″Windows Installer″对话框

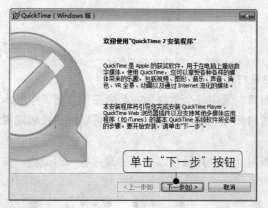
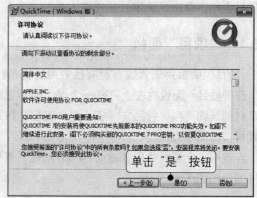

图 1.19　进入″许可协议″面板

Step 03　进入″目的文件夹″面板，单击″更改″按钮，在弹出的″更改当前的目的文件夹″面板，选择安装的路径，单击″确定″按钮，返回″目的文件夹″面板，如图 1.20 所示。

Step 04　单击″安装″按钮，进入″正在安装 Quick Time″面板，显示安装的进度，安装完成后，进入″Quick Time 安装程序已完成安装″面板，单击″完成″按钮即可，如图 1.21 所示。

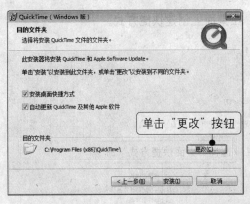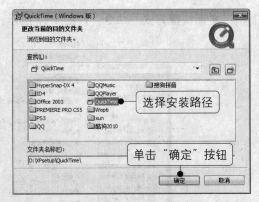

图 1.20　选择安装路径

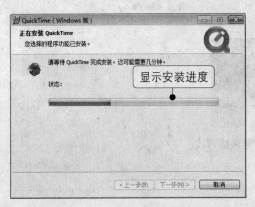

图 1.21　显示安装进度及完成

1.3　认识 Premiere Pro CS5 的工作区

　　安装完成后，在"桌面"上双击 Premiere Pro CS5 图标，进入"欢迎使用 Adobe Premiere Pro"面板。单击"新建项目"按钮，进入"新建项目"面板，选择新建项目文件放置的路径，然后再设置项目名称，单击"确定"按钮进入界面。

1.3.1　"项目"面板

　　"项目"面板用来管理当前项目中用到的各种素材。

　　在"项目"面板的左上方有一个很小的预览窗口。选中每个素材后，都会在预览窗口中显示出该素材的详细资料，包括文件名、文件类型、持续时间等。通过预览窗口，还可以播放视频或者音频素材，如图 1.22 所示。

　　当选中多个素材片段并拖动到"时间线"面板时，这些片段会以相同的顺序在"时间线"窗口中排列，如图 1.23 所示。

1. 素材的两种显示模式

　　在"项目"面板中，单击 按钮，通过下拉菜单中的"视图"子菜单可以使素材片段以两种不同的方式显示出来，分别是"列表"、"图标"。

　　单击面板下部的 按钮，将素材切换为列表视图显示，这种模式虽然不会显示视频或者图像的第一个画面，但是可以显示素材的名称、标签、帧速率、视频入点、视频出点、视频持续时间、视频信息、音频信息等，它是素材信息提供最多的一个显示模式，同时也是默认的显示模式，如图 1.23 所示。

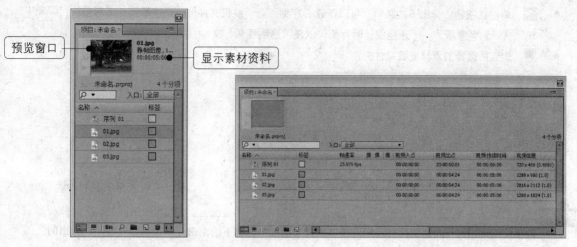

图 1.22 "项目"面板   图 1.23 列表视图显示

当面板下部的 ▇ 按钮被按下时，"项目"面板处于图标显示模式。这种模式会在每个文件下面显示出文件名、持续时间，如图 1.24 所示。

2. 自定义显示模式中的素材信息

这两种显示模式中显示的素材信息都可以通过"元数据显示"对话框来自定义。

Step 01 在"项目"面板中，单击该窗口右上角的 ▤ 按钮，在弹出的下拉菜单中选择"元数据显示"命令，如图 1.25 所示。

Step 02 打开"元数据显示"对话框。在列表框中选择需要显示的素材信息，如图 1.26 所示。

除了上面所介绍到的按钮外，其余按钮说明如下。

图 1.24 图标显示

* ▦：单击该按钮，可以在弹出的"自动匹配到序列"对话框中进行参数设置，单击"确定"按钮，可将素材自动添加到"时间线"面板中。

* 🔍：单击该按钮，打开"查找"对话框，输入相关信息查找素材，如图 1.27 所示。

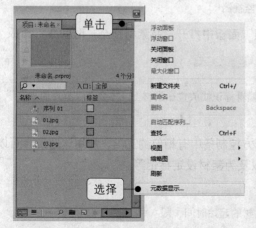

图 1.25 选择"元数据显示"命令

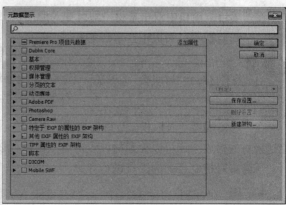

图 1.26 元数据显示

- ■：增加一个容器文件夹，以便于对素材存放进行管理。它可以重命名，还可以在"项目"窗口中直接将文件拖至容器中。

- ⬚：单击该按钮，弹出下拉菜单，可以新建"序列"、"脱机文件"、"字幕"、"彩条"、"黑场"、"彩色蒙版"、"通用倒计时片头"以及"透明视频"文件，如图 1.28 所示。

- 🗑：删除所选择的素材或者文件夹。

图 1.27　"查找"对话框

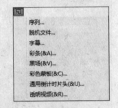

图 1.28　新建不同的文件

> **提 示**
>
> 除了使用按钮进行新建文件外，还可在"项目"面板中名称下的空白处单击鼠标右键，在弹出的快捷菜单中进行选择。

1.3.2　"监视器"面板

"监视器"面板分为两部分，左边为"源监视器"面板，显示源素材；右边为"节目监视器"面板，显示"时间线"面板中编辑后的节目，如图 1.29 所示。

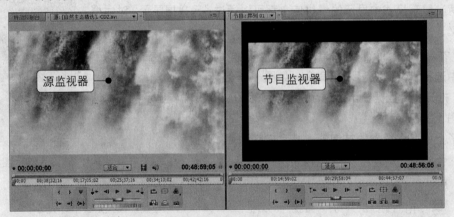

图 1.29　两个监视器

在"项目"窗口中双击素材，即可在"源监视器"面板中打开。将素材拖至"时间线"面板，则在"节目监视器"面板中显示当前素材。

> **提 示**
>
> 将素材拖至"时间线"面板视频轨道后，只有将编辑标识线放置在素材上，才会在"节目监视器"面板中显示。

在"源监视器"面板和"节目监视器"面板的下方控制条中有相似的工具，利用这些工具可以控制素材的播放，还可以为素材设置入点、出点，以及为素材设定标记等。

下面将对控制条上的工具进行介绍。

- ⬚：单击该按钮将当前编辑标识线位置标注为素材的起始时间，即入点。

- ⬚：单击该按钮将当前编辑标识线位置标注为素材的结束时间，即出点。

- ♥ ：用于设置无序号的标记点。
- ‹— ：将编辑标识线放置到入点处。
- —› ：将编辑标识线放置到出点处。
- ‹—› ：只播放入点和出点之间的内容。
- ‹— ：跳转到前一标记。该按钮只位于〝源监视器〞窗口中。
- ◁‖ ：每单击此按钮一次，素材倒退一帧。
- ▶/■ ：播放/停止影片。
- ‖▷ ：每单击此按钮一次，素材前进一帧。
- —›‖ ：跳转到下一标记，该按钮只位于〝源监视器〞窗口中。
- ↺ ：循环播放素材。
- ⊡ ：显示屏幕的安全区域。
- ♠ ：在弹出的快捷菜单中可以改变〝监视器〞面板的显示模式，如图1.30
所示。

图1.30　显示模式

- 🔲 ：将〝源监视器〞面板中的素材插入到〝时间线〞面板当前编辑标识所在的位置，该按钮只位于〝源监视器〞面板中。
- 🔲 ：将〝源监视器〞面板中的素材覆盖到〝时间线〞面板中编辑标识线所在的位置，该按钮只位于〝源监视器〞面板中。
- ▭▬▭ ：在影片播放时，左右拖动中间的滑块可调节影片的播放速度。向左拖动，影片倒放；向右拖动，影片快速播放。滑块离中心点的距离越大，播放速度就越快。松开鼠标，滑块会自动返回原处。
- ▮▮▮▮▮ ：将光标移至微调按钮上，按下鼠标左键左右拖动，可细微调整编辑标识线的位置，用于仔细搜索影片中某一帧画面。
- ‹— ：跳转到前一编辑点，该按钮只位于〝节目监视器〞面板中。
- —› ：跳转到下一编辑点，该按钮只位于〝节目监视器〞面板中。
- 🔲 ：将〝时间线〞面板中设置的一段素材删除，其位置保持空白，该按钮只位于〝节目监视器〞面板中。
- 🔲 ：将〝时间线〞面板中设置的一段素材删除，其位置由后续素材补充，该按钮只位于〝节目监视器〞面板中。
- 📷 ：用于导出单帧。

1.3.3　〝时间线〞面板

　　〝时间线〞面板是一个基于时间轴的显示窗口，素材的处理、整合、添加特效等一些重要的操作都是在〝时间线〞面板中完成的，如图1.31所示。

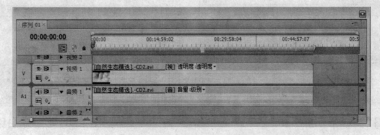

图1.31　〝时间线〞面板

下面对"时间线"面板中的常用按钮进行介绍。

- ▣：吸附按钮。按下该按钮，在调整素材的时间位置时，素材会自动吸附到编辑标识线上或与最近的素材文件的边缘对齐。

- ▣：设置未编号标记按钮。在"时间线"面板中可以在时间标尺上设置未编辑的时间标记。

- ◉：设置视频轨的可视性。当图标为 ◉ 时，视频轨为可视；当图标为 ▢ 时，视频轨为不可视。

- 🔒：轨道锁定开关。设置轨道可编辑性，当轨道被锁定时，轨道变为有斜线显示，如图 1.32 所示，位于此轨道上的文件不能被编辑。

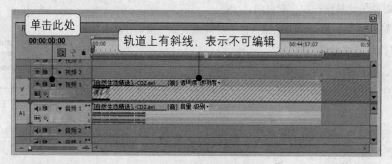

图 1.32 锁定视频轨道

- ▼：可以隐藏、展开下属视频轨工具栏 和音频轨工具栏 。
- ▣：单击该按钮，弹出下拉列表，如图 1.33 所示，可以根据需要对轨道素材显示方式进行选择，共有以下四种显示方式。
  - ◆ ▣：显示头和尾按钮。在"时间线"面板中只显示轨道素材的第一帧图像和最后一帧图像，如图 1.34 所示。

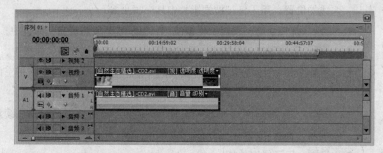

图 1.33 四种显示方式　　　　　　　图 1.34 显示头和尾

  - ◆ ▣：仅显示头部按钮。在"时间线"面板中只显示轨道素材的第一帧图像。
  - ◆ ▣：显示帧按钮。在"时间线"面板中显示轨道素材的每一帧图像，如图 1.35 所示。
  - ◆ ▣：仅显示名称按钮。在"时间线"面板中只显示素材名称，如图 1.36 所示。

图 1.35 显示全部帧　　　　　　　图 1.36 仅显示名称

- ◎：隐藏关键帧按钮。隐藏轨道中对素材设置的关键帧，如图 1.37 所示。

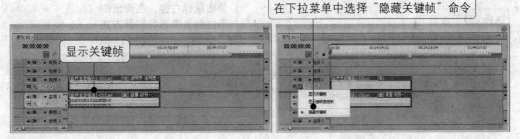

图 1.37　隐藏关键帧

- 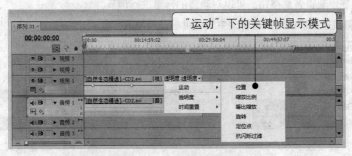：显示关键帧。用来显示轨道中对素材设置的关键帧。当选择该选项时，在视频轨道中的素材上单击▼按钮，在弹出的下拉列表中可以选择不同的关键帧显示模式。在"运动"关键帧显示中包含了"位置"、"缩放比例"、"等比缩放"、"旋转"、"定位点"、"抗闪烁过滤"等关键帧，如图 1.38 所示。

图 1.38　"运动"关键帧子菜单列表

- ：显示透明度控制。选择该项，在轨道中的素材上只显示透明度的关键帧，并可以对关键帧进行设置，如图 1.39 所示。在关键帧上单击鼠标右键，在弹出的菜单中提供了多种关键帧设置方式，用来控制关键帧之间的联系、变化，如图 1.40 所示。

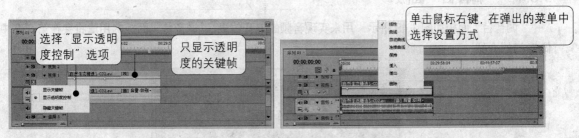

图 1.39　显示透明度控制　　　　　　　　图 1.40　多种调整方式

- ：转到下一关键帧按钮。将编辑标识线定位在被选素材轨道上的下一个关键帧上。
- ：添加-移除关键帧按钮。对轨道上的素材进行添加或删除关键帧的设置。
- ：转到前一关键帧按钮。将编辑标识线定位在被选素材轨道上的前一个关键帧上。
- ：当图标为　时，声音输出被打开；当图标为　时，则关闭声音。
- ：设置显示按钮。单击该按钮，弹出下拉列表，可以根据需要对音频轨道素材显示方式进行下列两种选择。
    - ◆　：显示波形按钮。显示音频轨的声音波形，如图 1.41 所示。
    - ◆　：仅显示名称按钮。在音频轨上只显示音频素材的名称，如图 1.42 所示。

13

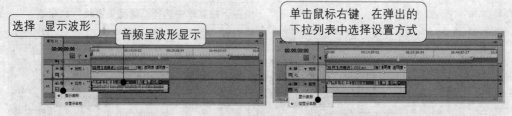

图 1.41　显示音频为波形　　　　　图 1.42　不同的设置选项

- 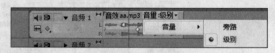：单击该按钮，弹出下拉列表，可以对声音的关键帧和音量显示进行设置，如图 1.43 所示。
  - ◇ ：显示素材关键帧按钮。在轨道中显示素材的关键帧，并可以设置关键帧。当选择该项时，在轨道中的素材上单击，弹出下拉菜单，可以选择"旁路"或"级别"模式，如图 1.44 所示。
  - ◇ ：显示素材音量按钮。在轨道中只显示素材音频的音量，并可以调节关键帧。
  - ◇ ：显示轨道关键帧按钮。可以对音频轨道设置关键帧。
  - ◇ ：显示轨道音量按钮。可以对轨道的音量进行调节。
  - ◇ ：隐藏关键帧按钮。将轨道中的关键帧进行隐藏。

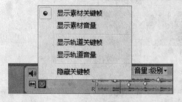

图 1.43　关键帧显示方式　　　　　　　　　　图 1.44　音量模式

- ：转到下一关键帧按钮。将编辑标识线定位在被选音频素材轨道上的下一个关键帧上。
- ：添加-移除关键帧按钮。在编辑标识线的位置，对音频素材进行添加或删除关键帧的设置。
- ：转到前一关键帧按钮。将编辑标识线定位在被选音频素材轨道上的前一个关键帧上。

1.3.4　"调音台"面板

　　"调音台"面板如图 1.45 所示，用来实现音频的混音效果。"调音台"面板的用法将会在第 8 章中做专门的介绍。

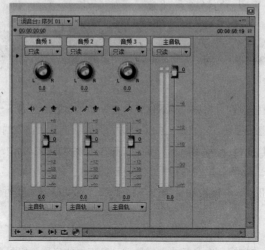

图 1.45　"调音台"面板

1.3.5　"字幕"窗口

字幕作为重要的组成元素出现在影视节目中，往往能将图片、声音所不能表达的意思恰到好处地表达出来，并给观众留下深刻的印象，下面将新建一个字幕窗口。

Step 01　选择"文件"|"新建"|"字幕"命令，弹出"新建字幕"对话框，在"名称"栏中对字幕重新命名，如图 1.46 所示。

Step 02　单击"确定"按钮，打开"字幕"窗口，如图 1.47 所示，然后对字幕进行设置。

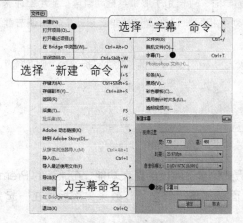

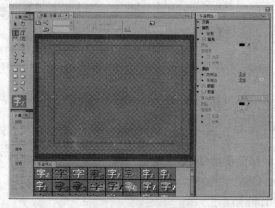

图 1.46　新建并命名字幕　　　　　　　图 1.47　打开"字幕"窗口

"字幕"窗口在后面会介绍到，这里则不作详细介绍。

1.3.6　"工具"面板

"工具"面板含有影片编辑中常用的工具，如图 1.48 所示。
该面板中各工具的名称及功能如下。

- ：选取工具。用于选择一段素材或同时选择多段素材，并将素材在不同的轨道中移动，也可以调整素材上的关键帧等操作。

- ：轨道选择工具。用于选择轨道上的某个素材及位于此素材后的其他素材。按住 Shift 键指针变为双箭头，则可以选择所有轨道上的位于当前位置以后的素材。

图 1.48　"工具"面板

- ：波纹编辑工具。使用此工具拖动素材的入点或出点，可改变素材的持续时间，但相邻素材的持续时间保持不变。被调整素材与相邻素材之间相隔的时间保持不变。

- ：滚动编辑工具。使用此工具调整素材的持续时间，可使整个影视节目的持续时间保持不变。当一个素材的时间长度变长或变短时，其相邻素材的时间长度会相应地变短或变长。

- ：速率伸缩工具。使用此工具在改变素材的持续时间时，素材的速度也会相应地改变，可用于制作快慢镜头。

提 示

改变素材的速度也可以通过右击轨道上的素材，在弹出的菜单中选择"速度/持续时间"，在打开的对话框中对素材的速度进行设置。

- ：剃刀工具。此工具用于对素材进行分割，使用剃刀工具可将素材分为两段，并产生新的入点、出点。按住 Shift 键可将剃刀工具转换为多重剃刀工具，可一次将多个轨道上的素材在同一时间同一位置进行分割。

- ：错落工具。改变一段素材的入点与出点，并保持其长度不变，且不会影响相邻的素材。
- ：滑动工具。使用滑动工具拖动素材时，素材的入点、出点及持续时间都不会改变，其相邻素材的长度却会改变。
- ：钢笔工具。此工具用于框选、调节素材上的关键帧。按住 Shift 键可同时选择多个关键帧；按住 Ctrl 键可添加关键帧。
- ：手形工具。在对一些较长的影视素材进行编辑时，可使用手形工具拖动轨道，显示出原来看不到的部分。其作用与"时间线"面板下方的滚动条相同，但在调整时要比滚动条容易调节并更加准确。
- ：缩放工具。使用此工具可将轨道上的素材放大显示。按住 Alt 键，滚动鼠标滚轮，则可缩小"时间线"面板的范围。

1.3.7 "历史"与"信息"面板

1. "历史"面板

相信使用过 Photoshop 软件的人都不会忘记"历史记录"面板的强大功能。在默认的 Premiere Pro CS5 界面中，位于界面的左下方也有"历史"面板，与"信息"、"效果"面板放在一起，如图 1.49 所示。

"历史"面板记录了每一步操作，单击前面已经操作了的条目就可以恢复到该步操作之前的状态，同时下面的操作条目以灰度表示这些操作已经被撤销了，如图 1.50 所示。在进行新的操作之前还有机会重做到任何一步操作，方法还是直接单击相应条目。

如果不小心把"历史"面板关闭了，可以选择"窗口"|"历史"命令，如图 1.51 所示。

图 1.49 "历史"面板

图 1.50 返回操作步骤

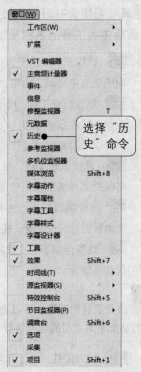

图 1.51 选择"历史"命令

2．"信息"面板

"信息"面板用来显示当前选取片段或者过渡效果的相关信息。在"时间线"中选取了某个视频片段后，"信息"面板显示了该视频片段的详细信息，如图 1.52 所示。

可以看到，"信息"面板中还显示了剪辑的开始、结束位置和持续时间以及当前光标所在位置等消息。

图 1.52　"信息"面板

1.3.8　"效果"面板与"特效控制台"面板

"效果"面板与"特效控制台"面板是互相关联的，当用户在"效果"面板中选择了一种特效作为素材添加后，再对所添加特效的素材进行设置时就需要在"特效控制台"面板中进行。

1．"效果"面板

"效果"面板中包含了"预设"、"音频特效"、"音频过渡"、"视频特效"和"视频切换"5 个文件夹，如图 1.53 所示。单击面板下方的 按钮可以新建自定义容器，用户可将常用的特效放置在自定义容器中，便于使用。当用户想使用某一特效时，直接在"查找"栏处输入特效名称即可找到所需特效。

> **提 示**
>
> 如果要删除创建的自定义容器，可选中自定义容器，再单击 按钮将其删除。不过软件自带的分类文件夹不能被删除。

2．"特效控制台"面板

"特效控制台"面板用于对素材进行参数设置，如"运动"、"透明度"、"音量"及"特效"等，如图 1.54 所示。

图 1.53　"效果"面板

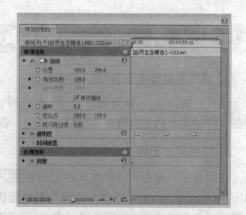

图 1.54　"特效控制台"面板

1.4　Premiere Pro CS5 中的时间计量

1.4.1　时间基

时间基指定如何划分一秒的时间。它虽然和帧速率有相同的值，但是两者的含义是不同的。时间基是用来计算时间的基本单位，而帧速率是指最后节目的播放速度。一般来说，运动的胶片的时间基选择 24，PAL 和 SECAM 选择 30，NTSC 制式影片则选择 29.97，其他的视频制式选择 30。Premiere 提供了 Frames/Samples 的选项，用帧数的形式来计算视频或者音频播放的时间。

时间基影响素材在"项目"面板和"时间线"面板中的显示，例如在"时间线"的时间轴上的标记代表了时间基。在"项目"面板中使用的时间基是素材保存时用的时间基。Premiere 通过复制或者跳过一些帧数来使得原始素材的时间基和项目的时间基一致（这个时间基在项目窗口中指定）。正因为如此，如果原始素材原先的时间基和项目的时间基一致，在 Premiere 中就能顺利地编辑。项目中的所有时间都是以时间基来计算的，在编辑前请正确地设置时间基。建议在编辑过程中不要随便改变项目的时间基，否则容易影响到编辑的时间尺度，导致已指定的编辑点的时间位置或者片段的持续时间发生改变。

1.4.2 持续时间

每一个项目和视频/音频片段都有一个持续时间，这个长度决定播放它需要的时间。在编辑一个素材前，素材的时间长度称为原始长度。编辑后的素材称为片段，它的持续时间由设置的入点和出点之间的时间间隔来决定。

1.4.3 时间码

时间码定义节目在播放时帧数的计算，并影响节目的浏览形式。指定时间代码和项目使用的媒体格式关系很大。例如，为一个电视和一个电影制作的节目计算帧的方法就有所不同。默认的情况下，Premiere 使用 Society of Motion Picture and Television Engineers（SMPTE）时间代码，即小时、分钟、秒和帧数。与时间基不同的是，在项目编辑过程中，编辑者可以随意地改变时间代码。使用不同的时间代码不会影响时间或者帧速率，只会影响到帧的编号。另一方面，时间代码计算的只是帧画面。

1.5 案例实训——Premiere Pro CS5 界面设置

1. 调整界面颜色

选择"编辑"|"首选项"|"界面"，弹出"首选项"对话框，如图 1.55 所示。单击"默认"按钮，按键盘上的方向键，根据需求移动，调整其颜色，完成后单击"确定"按钮。

2. 使用浮动面板

在想启用的面板中，单击其右上角的 ▤ 按钮，在弹出的快捷菜单中选择"浮动面板"按钮，如图 1.56 所示。此时，所选的面板与其他面板分离，成为浮动面板，编辑者可以随便移动其位置。如果不想使用浮动面板，就选择"窗口"|"工作区"|"重置当前工作区"命令，弹出"重置工作区"对话框，然后单击"是"按钮。

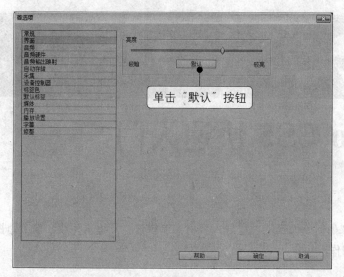

图 1.55　调整界面颜色　　　　　　　　　图 1.56　调整界面颜色

1.6　课后练习

（1）_____面板是 Premiere Pro CS5 软件中主要的编辑面板。

（2）_____面板用于对素材进行参数的设置，如"运动"、"音量"、"透明度"以及"特效"等。

（3）"监视器"面板分为_____和_____两部分。

第2章

Premiere Pro CS5 快速入门

本章导读

本章将以实例的形式来讲解如何制作影片，从导入素材，编辑素材及编辑完成，输出为视频，读者可以了解影片的编辑制作。

知识要点

- ✪ 创建空白项目
- ✪ 如何导入素材
- ✪ 素材的剪辑与拼接
- ✪ 设置素材的持续时间
- ✪ 叠加素材效果的制作
- ✪ 为影片添加视频切换效果
- ✪ 设置视频的输出

2.1 课堂实训1——建立一个空白项目

在 Windows 桌面上双击 Adobe Premiere Pro CS5 图标，运行 Premiere Pro CS5。
按照如下操作步骤建立空白项目。

Step 01 启动 Premiere Pro CS5 后，首先会进入"欢迎使用 Adobe Premiere Pro"界面，如图 2.1 所示，单击"新建项目"按钮。

图 2.1 欢迎界面

Step 02 进入"新建项目"窗口，在窗口的下方单击"浏览"按钮，选择保存路径，并在"名称"右侧的文本框中为新建的项目文件命名。单击"确定"按钮，进入"新建序列"窗口，在"序列预设"选项卡下设置"有效预设"的模式，在"新建序列"窗口下方设置"序列名称"，如图 2.2 所示。

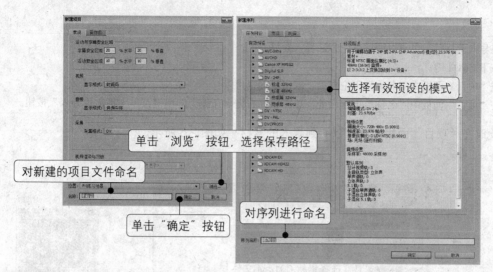

图 2.2　新建项目和序列

Step 03 单击"确定"按钮，进入 Premiere Pro CS5 主界面，如图 2.3 所示。

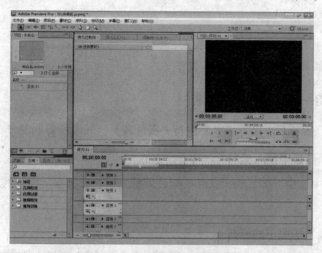

图 2.3　进入 Premiere Pro CS5 主界面

提　示

除了上面所介绍的项目新建方法外，在 Premiere Pro CS5 界面中选择"文件"|"新建"|"项目"命令，也可以新建空白项目。如果想打开原有的场景，可以选择"文件"|"打开项目"命令。

2.2　素材的导入与裁剪

空白项目建立后，接下来就可以往"项目"面板中导入素材了。Premiere Pro CS5 的素材可以是图像文件（BMP、TIFF 等格式）、音频文件，也可以是视频文件（包括 AVI、MOV 等格式）。

2.2.1　课堂实训2——向"项目"面板导入素材

向"项目"面板中导入素材的操作步骤如下。

Step 01 选择"文件"|"导入"命令，进入"导入"对话框，选择"素材\Cha02\001.avi"文件，单击"打开"按钮，如图 2.4 所示。

提 示

在导入素材时，也可以通过以下方法导入素材：

按下 Ctrl+I 键。

在"项目"面板中"名称"下空白处，双击鼠标也可以打开"导入"对话框。

在"项目"面板中"名称"下空白处，单击鼠标右键，在弹出的快键菜单中单击"导入"按钮。

Step 02 此时在"项目"面板中就可以看到导入的素材，如图 2.5 所示。

图 2.4 导入"001.avi"文件 　　　　　　图 2.5 导入到"项目"窗口

2.2.2 课堂实训 3——裁剪和拼接素材

素材导入"项目"面板后，接下来就要进行必要的裁剪，截取所需的部分，去掉不需要的部分。

1. 向"时间线"面板中拖入素材

在"项目"面板中选中"001.avi"文件，按住鼠标左键将其拖至"时间线"面板中视频 1 轨道上，如图 2.6 所示。

2. 裁剪"时间线"面板中的素材

"时间线"面板右侧有一个"工具"面板，下面将使用"工具"面板中的 工具对素材进行剪辑。使用 工具将素材拼接，最终将从视频素材中截取的运动镜头拼接在一起，成为一个完整的视频。

其具体操作步骤如下：

Step 01 将时间编辑标识线移至 00:00:03:00 的位置，在"工具"面板中选择 工具，在"时间线"面板"视频 1"轨道素材上的时间编辑标识线处单击鼠标左键进行裁剪，如图 2.7 所示，此时素材分为两部分。

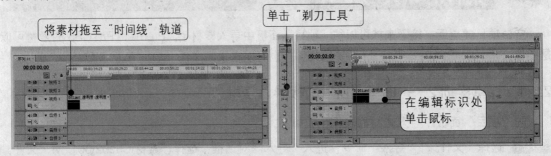

图 2.6 将素材拖至"时间线"面板 　　　　图 2.7 在编辑标识线处裁剪

Step 02 将时间编辑标识线移至 00:00:08:00 的位置，使用 工具在时间编辑标识线处单击鼠标左键，再次对第二部分素材进行裁剪，如图 2.8 所示。

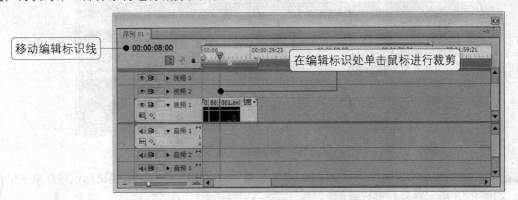

图 2.8　裁剪素材

Step 03 在"时间线"窗口中"视频 1"轨道上，使用 工具选择已裁剪素材的中间部分，按 Delete 键将其删除。将后面相邻素材移至第一部分的结束处，如图 2.9 所示，此时拼接处会出现对齐黑线。

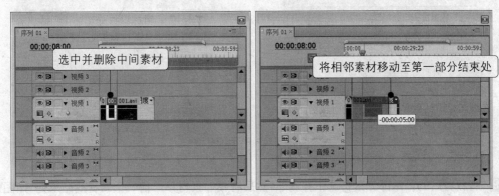

图 2.9　删除并连接第三部分素材

Step 04 将时间编辑标识线移至 00:00:09:00 的位置处，使用 工具在时间编辑标识线处单击鼠标左键，如图 2.10 所示，将素材分为三部分。

Step 05 将时间编辑标识线移至 00:00:10:00 的位置处，使用 工具在时间编辑标识线处单击鼠标左键，如图 2.11 所示，对素材进行裁剪。

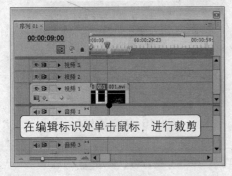

图 2.10　裁剪素材

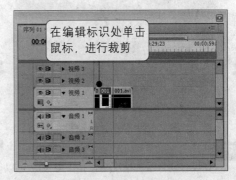

图 2.11　裁剪素材

Step 06 在"视频 1"轨道中选中并删除裁剪后的第三部分素材，将后面相邻素材移至第二部分的结束处，如图 2.12 所示，将视频进行拼接。

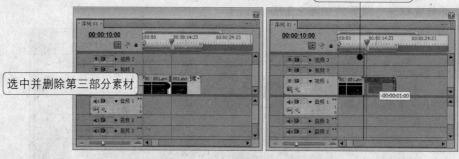

图 2.12　删除并连接第三部分素材

Step 07　确定时间编辑标识线位于 00:00:10:00 的位置，使用 ![工具] 工具在时间编辑标识线处单击鼠标左键，如图 2.13 所示对素材进行裁剪。

Step 08　将时间编辑标识线移至 00:00:12:00 的位置，使用 ![工具] 工具在时间编辑标识线处单击鼠标左键，如图 2.14 所示，对素材进行裁剪。

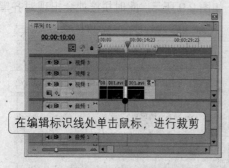

图 2.13　裁剪素材

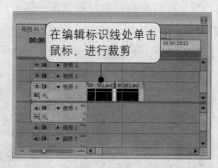

图 2.14　裁剪素材

Step 09　将裁剪后的第四部分素材选中并删除，然后将相邻素材移至前一个素材的结束处，如图 2.15 所示。

Step 10　再将时间编辑标识线移至 00:00:15:20 的位置，使用 ![工具] 工具在时间编辑标识线处单击鼠标左键，对素材进行裁剪。如图 2.16 所示。

图 2.15　删除并移动素材

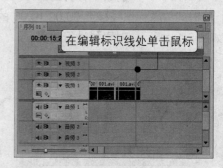

图 2.16　裁剪素材

技 巧
　　在没有输入法的情况下，按下 C 键，可以使用 ![工具] 工具；按下 V 键，可以使用 ![工具] 工具。

2.2.3　课堂实训 4——调整素材的持续时间

　　经过前面的裁剪操作，现在视频 1 轨道中有五段独立的视频，下面将通过"持续时间"来设置视频的慢播效果。具体操作如下。

Step 01 选择裁剪后的第五部分素材，单击鼠标右键，在弹出的快捷菜单中选择"速度/持续时间"命令，如图 2.17 所示。

Step 02 在打开的"素材速度/持续时间"对话框中将"持续时间"设置为 00:00:09:14，单击"确定"按钮，如图 2.18 所示。

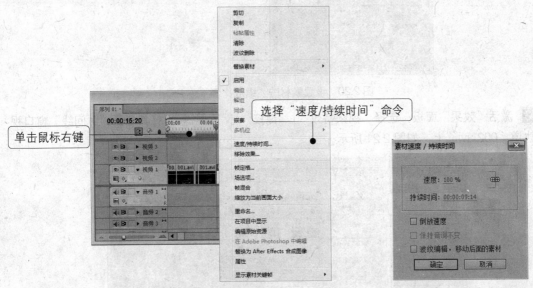

图 2.17　选择"速度/持续时间"命令　　　　图 2.18　设置"持续时间"

提　示

在设置"速度"时，设置的值越高，影片的长度越短，播放速度越快。

2.3　课堂实训 5——叠加素材效果的制作

本节将通过"蓝屏键"特效制作两个不同轨道素材在同一个画面上叠加显示的效果，其操作步骤如下。

Step 01 在"项目"面板中再导入 002.avi 文件，并将其拖至"时间线"面板"视频 2"轨道中，如图 2.19 所示，将"002.avi"的持续时间设为 00:00:25:10。

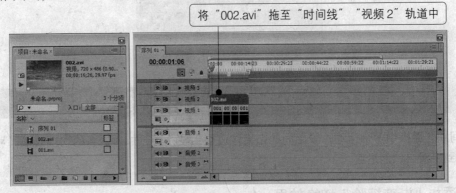

将"002.avi"拖至"时间线""视频 2"轨道中

图 2.19　将"002.avi"拖至"时间线"面板中

Step 02 激活"特效控制台"面板，将"运动"下的"缩放比例"设置为 110.0，如图 2.20 所示。

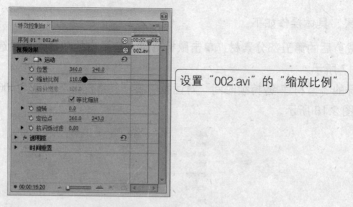

图 2.20 设置素材的"缩放比例"

Step 03 激活"效果"面板，选择"视频特效"｜"键控"｜"蓝屏键"，将其拖至"时间线"窗口视频 2 轨道"002.avi"上，如图 2.21 所示。

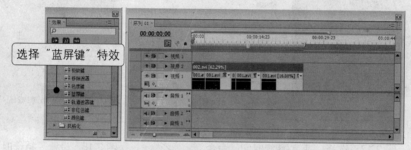

图 2.21 为"002.avi"添加"蓝屏键"特效

Step 04 此时在"节目监视器"窗口中，可以看到蓝色背景已经去掉，效果如图 2.22 所示。

图 2.22 去掉蓝色背景效果

2.4 课堂实训 6——为影片添加视频切换效果

"时间线"面板中两个运动片段之间的衔接过渡很生硬，通过加入适当的切换效果，可以使两个片段得到平滑自然的过渡。

2.4.1 添加"渐变擦除"切换效果

本小节将通过为素材片段添加不同的视频切换效果，使片段衔接平滑自然，其操作如下。

Step 01 激活"效果"面板，选择"视频切换"|"叠化"|"交叉叠化（标准）"切换效果，将其拖至"时间线"面板"视频 1"轨道前两个素材片段的中间，如图 2.23 所示。

图 2.23　添加切换效果

Step 02 激活"效果"面板，选择"视频切换"|"擦除"|"渐变擦除"切换效果，将其拖至"时间线"面板"视频 1"轨道第二个与第三个素材片段之间，如图 2.24 所示，在打开的"渐变擦除设置"对话框中使用默认设置，单击"确定"按钮。

图 2.24　添加切换效果

Step 03 在"效果"面板中，选择"视频切换"|"缩放"|"交叉缩放"切换效果，将其拖至"时间线"面板"视频 1"轨道第四个与第五个素材片段之间，如图 2.25 所示。

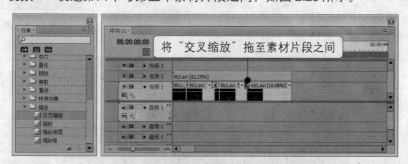

图 2.25　添加切换效果

2.4.2　设置切换效果

下面将对视频片段之间的切换效果进行设置，操作如下。

Step 01 在"时间线"面板中，选中"交叉叠化（标准）"切换效果，激活"特效控制台"面板，将"持续时间"设置为 00:00:01:10，如图 2.26 所示。

Step 02 在"时间线"面板中选中"交叉缩放"切换效果，在"特效控制台"面板中将"持续时间"设置为 00:00:01:20，如图 2.27 所示。

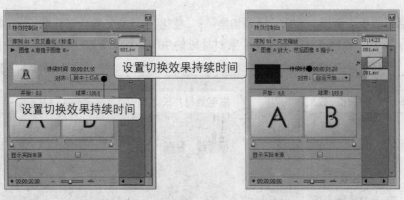

图 2.26 设置的持续时间　　　　　图 2.27 设置持续时间

> **提 示**
>
> 　　设置完切换效果的"持续时间"后会发现其位置并不在两个素材的中间，此时可以在"时间线"面板中使用选择工具选中切换效果，拖动鼠标进行调整。

> **提 示**
>
> 　　在"特效控制台"面板中拖动"开始"或"结束"预览框下面的滑动条，可以设定过渡起始点的位置和结束点的位置，同时可以动态地观察过渡效果。

2.4.3　设置并添加字幕

　　下面将为视频设置字幕效果。

Step 01　按 Ctrl+T 键，弹出一个"新建字幕"对话框，将其命名为"水火相交"，单击"确定"按钮，如图 2.28 所示。

Step 02　进入"字幕"窗口，在"字幕工具"区域中选择 **IT** 工具，在字幕编辑区输入"水火相交"，如图 2.29 所示，并将其选中。在"字幕属性"区域中，将"属性"下的"字体"定义为"FZXiShanHu-M13S"，将"字体大小"设置为 60；将"跟踪"设置为 10；将"填充"下的"颜色"设置为白色，使用 工具调整文本的位置，如图 2.29 所示。

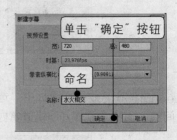

图 2.28　新建字幕

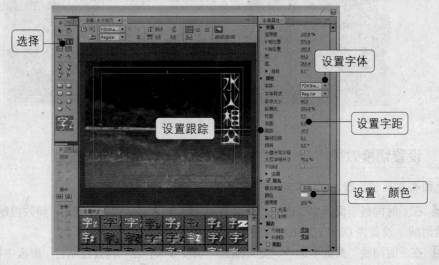

图 2.29　创建并设置字幕

提 示
创建并设置"字幕"窗口，在后面的章节中会介绍到。

Step 03 关闭字幕，将时间编辑标识线移至 00:00:03:00 的位置，在"项目"面板中将"水火相交"字幕拖至"时间线"面板视频 3 轨道中与时间编辑标识线对齐，并在"水火相交"字幕上单击鼠标右键，在弹出的快捷菜单中选择"素材速度/持续时间"命令，在打开的对话框中将"持续时间"设置为 00:00:22:10，单击"确定"按钮，如图 2.30 所示。

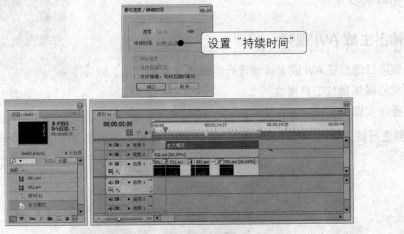

图 2.30   设置持续时间

Step 04 在"效果"面板中选择"视频切换"|"滑动"|"多旋转"切换特效，并将其拖至"时间线"面板"视频 3"轨道中"水火相交"字幕的开始处，选中切换特效，在"特效控制台"面板中将"持续时间"设置为 00:00:05:00，如图 2.31 所示。

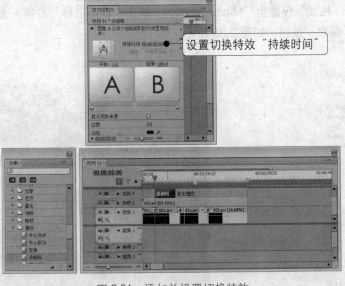

图 2.31   添加并设置切换特效

2.5 案例实训——输出成 AVI 电影

通过前面的编辑，到这里基本完成本章中所介绍的基本知识操作。

本节将介绍项目的输入和预览。在输出成 AVI 电影之前，建议先浏览一下影片，因为输出电影需要大量时间来处理数据，输出后一旦效果不满意会很浪费时间。

2.5.1 预览项目

接着上面的操作，在"节目监视器"窗口中单击 ▶ 按钮进行播放预览，如图 2.32 所示。

2.5.2 输出生成 AVI 视频

将视频项目输出成 AVI 或者其他流行的视频文件格式后，就可以使用常见的媒体播放工具播放。

具体操作步骤如下。

图 2.32 播放预览效果

Step 01 要进行视频输出，首先要先激活"时间线"面板，激活的面板中会出现一个蓝色边框，如图 2.33 所示。

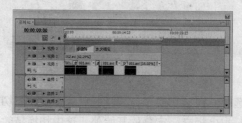

图 2.33 激活"时间线"面板

Step 02 选择"文件"|"导出"|"媒体"命令，如图 2.34 所示。打开"导出设置"对话框，在"导出设置"区域下将"格式"设置为"Microsoft AVI"，单击"输出名称"右侧，选择文件的存储路径和文件名，单击"保存"按钮，如图 2.35 所示。

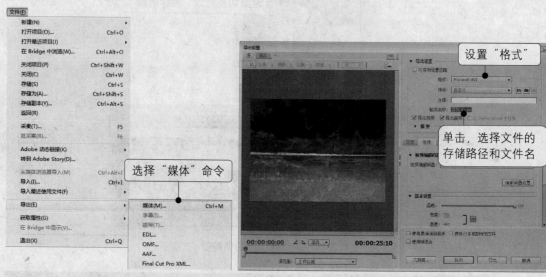

图 2.34 选择"媒体"命令   图 2.35 设置输出格式

Step 03 进入"视频"选项卡，将"视频编解码器"设置为"Microsoft Video 1"，将"品质"设置为 100，将"场类型"设置为"逐行"，如图 2.36 所示。

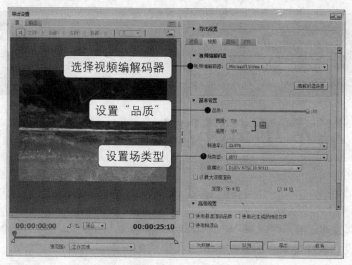

图 2.36 "视频"选项卡

Step 04 单击"导出"按钮,对视频进行渲染输出,如图 2.37 所示,单击"确定"按钮。

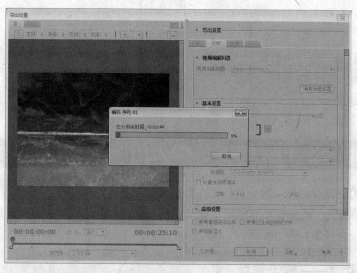

图 2.37 渲染进度

2.6 课后练习

(1) 按_____键,可以新建字幕。

(2) 按_____键,可以弹出"导入"对话框。

(3) 默认情况下,"时间线"面板一般显示_____条视频轨。

(4) 在没有输入法的情况下,按下 C 键,可以使用_____工具;按下 V 键,可以使用_____工具。

第3章

影片的基本剪辑技术

本章导读

剪辑无非就是通过对素材设置入点、出点从而截取素材中好的片段，再将这些片段结合形成一个新的片段。本章主要介绍素材的入点和出点的设置以及素材的插入，覆盖，提取，提升等。

知识要点

- ✪ 在"源监视器"窗口中剪辑
- ✪ 在"时间线"面板中剪辑
- ✪ 设置素材速度
- ✪ 素材编组及序列嵌套
- ✪ 视、音频的链接
- ✪ 素材的插入、覆盖、提升、提取编辑

3.1 Premiere Pro CS5 剪辑入门

Premiere 作为一款非线性编辑软件，允许剪辑人员在任何时候对正在编辑的文件进行替换、删除、插入、添加特效等。通常在"监视器"窗口中预览素材和观看效果，在"时间线"面板中插入素材、添加特效、合成影片等。

3.1.1 课堂实训1——剪辑素材

在 Premiere 中可以使用"源监视器"窗口、"时间线"面板等对素材进行剪辑，下面就对不同窗口的剪辑方法分别进行讲解。

1. 在"源监视器"窗口中剪辑

"源监视器"窗口主要是通过设置入点、出点对素材进行剪辑，其操作步骤如下。

Step 01 进入 Premiere Pro CS5 界面，双击"项目"面板"名称"下的空白处，导入"视频 01.avi"素材文件，该文件在"素材\Cha03"文件夹中。在"项目"面板中对其进行双击，使其在"源监视器"窗口中显示出来，如图 3.1 所示。

Step 02 在"源监视器"窗口中单击 ▶ 按钮预览素材，在"源监视器"窗口中时间显示处输入时间，单击窗口下方的 { 按钮，设置入点，如图 3.2 所示。

Step 03 在时间显示处再输入一个时间，单击窗口下方的 { 按钮，设置出点。此时入点与出点之间的区域呈深色显示，如图 3.3 所示。

Step 04 设置完素材的入点与出点后，直接在"源监视器"窗口中按下左键，当鼠标变为小手状时，

将素材拖至"时间线"面板中的"视频 1"轨道上，如图 3.4 所示。

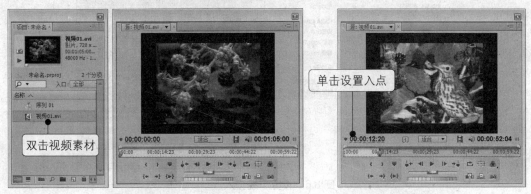

图 3.1　在"源监视器"窗口中预览　　　　　　　图 3.2　设置入点

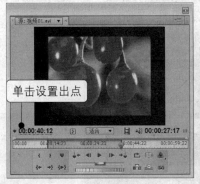

图 3.3　设置出点　　　　　图 3.4　将入点与出点之间的片段拖至"时间线"面板中

提　示

　　在剪辑一个视音频文件时，如果只需剪辑素材的视频或音频，可在设置完入点和出点后，在"源监视器"窗口中拖动■按钮或■按钮到"时间线"面板中，如图 3.5 所示。这样剪辑完成后所得到的就只有视频文件或音频文件。

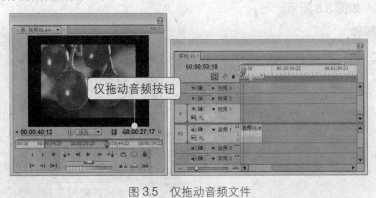

图 3.5　仅拖动音频文件

　　在"源监视器"窗口中剪辑素材时，也可以为素材的视频和音频分别设置不同位置的入点和出点，其操作步骤如下。

Step 01　向"项目"面板中导入素材并双击它，将其在"源监视器"窗口中打开。

Step 02　在"源监视器"窗口中，在时间显示处输入一个时间。

Step 03　选择菜单栏中"标记" | "设置素材标记" | "视频入点"命令，设置视频的入点，如图 3.6 所示。

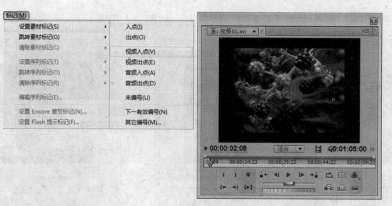

图 3.6　设置"视频入点"

Step 04　在时间显示处输入一个时间，选择菜单栏中"标记"｜"设置素材标记"｜"视频出点"命令，设置视频的出点。这样视频部分的入点、出点就设置完成，如图 3.7 所示。

图 3.7　设置"视频出点"

Step 05　在时间显示处输入时间，选择菜单栏中"标记"｜"设置素材标记"｜"音频入点"命令，设置音频的入点，如图 3.8 所示。

图 3.8　设置"音频入点"

Step 06　再在时间显示处输入一处时间，选择菜单栏中的"标记"｜"设置素材标记"｜"音频出点"命令，设置音频的出点。这样音频部分的入点、出点就设置完成了，如图 3.9 所示。

Step 07　设置完成后，直接在"源监视器"窗口中按住鼠标左键，将素材拖至"时间线"面板中，这样视频的剪辑就完成了，如图 3.10 所示。

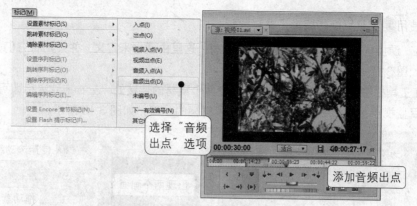

图 3.9 设置音频出点

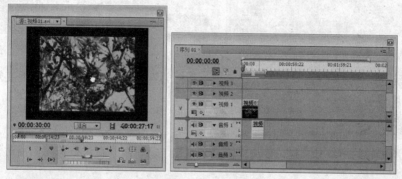

图 3.10 将剪辑片段拖至"时间线"

2. 在"时间线"面板中剪辑

在"时间线"面板中可以使用"工具"面板中的多种工具进行剪辑，不同的工具满足不同的剪辑要求。本节以 ▶ 工具（选择工具）和 ✿ 工具（旋转编辑工具）为例进行讲解。

（1）使用 ▶ 工具（选择工具）剪辑

`Step 01` 在"工具"面板中选择 ▶ 工具。

`Step 02` 将光标放置在素材的开始处或结束处，当 ▶ 变为 ✦ 状态时，如图 3.11 所示。

`Step 03` 按下鼠标左键进行拖动，改变素材的长度达到剪辑的目的。在拖动的同时，"节目监视器"窗口中会出现时间码，显示素材拖动的长度，如图 3.11 所示。

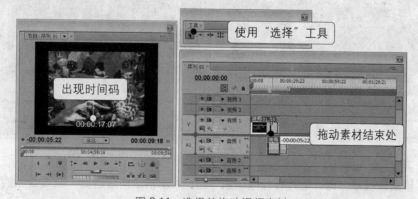

图 3.11 选择并拖动视频素材

> **注 意**
> 视频素材与音频素材的长度只能变短而不能变长，图片素材可任意调整。

（2）使用 ✛ 工具（旋转编辑工具）剪辑

Step 01 在"源监视器"窗口中剪辑两部分素材，这里由读者来定义，并分别将它们拖至"时间线"面板中，如图 3.12 所示。

Step 02 在工具栏中选择 ✛ 工具，将光标放在两个素材的连接处，左右拖动鼠标即可裁剪素材，此时在"节目监视器"窗口中会显示两个相邻素材帧的画面，如图 3.13 所示。

图 3.12　拖入两部分素材　　　　　　　　图 3.13　使用"滚动编辑"工具

Step 03 一个素材被调整后时间长度变长或变短，其相邻素材的时间长度会相应地变短或变长以补偿调节，总长度保持不变。

3. 在"修整"窗口中剪辑素材

使用上面所剪辑的两部分素材，使用"修整监视器"窗口对素材进行剪辑，相对于其他的方法比较准确。

Step 01 选择"窗口"｜"修整监视器"命令，打开"修整监视器"窗口。

Step 02 当编辑标识线位于进行编辑的两个素材之间时，在"修整监视器"窗口中，左侧窗口的画面为"时间线"面板中处于编辑标识线前面（左方）片段的出点画面，右侧窗口的画面为处于编辑标识线后面（右方）片段的入点画面，如图 3.14 所示。

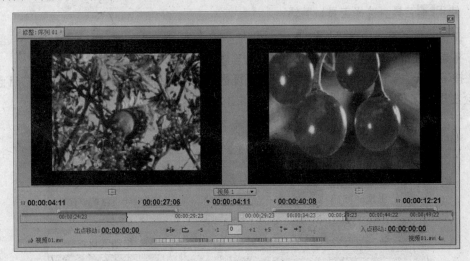

图 3.14　修整监视器窗口

Step 03 在"修整监视器"窗口下方有"微调帧"栏，可向前或向后进行 1 帧或 5 帧的调整。还有3 个微调出点、入点的按钮，如图 3.15 所示。

Step 04 将光标放置在"修整监视器"窗口中左右画面中及两画面中间处时，光标会变为 ✛、✛ 或 ✛3 种状态，它们也可用于对素材的入点、出点进行调整，作用与微调出点、入点按钮的作用相同。

图 3.15   微调帧栏

3.1.2   设置素材速度

在"时间线"面板中选择素材并单击鼠标右键，在弹出的快捷菜单中选择"速度/持续时间"命令，即可打开"素材速度/持续时间"对话框，如图 3.16 所示。

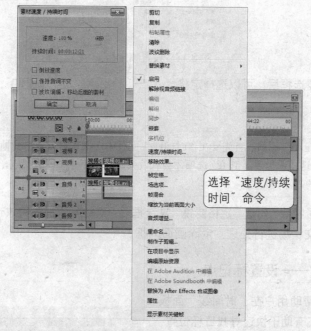

图 3.16   打开"速度/持续时间"

素材的默认速度为 100%，其可调整值范围为 0.01%~10000%。当速度百分比小于 100%时，素材的速度变慢；速度百分比大于 100%，则素材的速度变快。速度与持续时间成反比，速度百分比越大，持续时间越短；速度百分比越小，持续时间越长。

如果勾选"倒放速度"复选框，影片进行倒放。勾选"保持音调不变"复选框，可保持音频部分音调不失真。设置完成后单击"确定"按钮。

3.1.3   帧定格设置

使用"帧定格"可保持素材中的某一帧图像产生静帧效果，且保持素材原有的长度不变。

在"时间线"面板中选择素材，单击鼠标右键，在弹出的快捷菜单中选择"帧定格"命令，打开"帧定格选项"对话框，如图 3.17 所示。

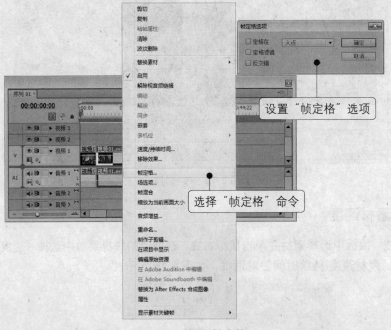

图 3.17　设置帧定格

勾选"定格在"复选框后，可以选择定格"入点"、"出点"或"标记 0"，单击"确定"按钮，设置完成。

> **注意**
>
> 如果选择"标记 0"选项，首先要在"时间线"面板中，在素材要定格的帧的位置设置一个编号为"0"的标记点，这样选择"标记 0"选项才会有效果。如果不先设置标记点，选择"标记 0"选项后，定格的是素材的入点。

如果素材被添加了特效，勾选"定格滤镜"复选框后，素材所添加的特效也会被定格。勾选"反交错"复选框，可对交错场进行处理，消除画面闪烁。

3.1.4　课堂实训 2——设置标记点

设置标记点可以帮助用户在"时间线"面板中对齐或切换素材，还有助于快速寻找目标位置，如图 3.18 所示。

标记点和时间线面板中的 选项共同工作。若 被选中，则"时间线"面板中的素材在标记的有限范围内移动时，就会快速与邻近的标记靠齐。对于"时间线"面板以及每一个单独的素材，都可以加入 100 个带有数字的标记点(0~99)和最多 999 个不带数字的标记点。

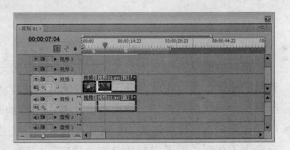

图 3.18　素材标记点

"源监视器"窗口的标记工具用于设置素材片段的标记，"节目监视器"窗口中的标记工具用于设置序列中时间标尺上的标记。创建标记点后，可以先选择标记点，然后移动。

1. 设置标记点

（1）为"源监视器"窗口中的素材设置标记点。

操作步骤如下。

Step 01 在"项目"面板中双击素材，在"源监视器"窗口中显示出来。

Step 02 在"源监视器"窗口中时间显示处输入设置标记的时间，然后单击♥按钮或者按数字键盘"*"键，为该处添加一个不带数字的标记点，如图 3.19 所示。

Step 03 如果要设置带有数字的标记点，则选择"标记"|"设置素材标记"|"其他编号"命令，在弹出的"设定已编号标记"对话框中的文件框中输入数字，单击"确定"按钮即可，如图 3.20 所示。在"源监视器"窗口中会添加相应的标记，如图 3.21 所示。

图 3.19　设置标记

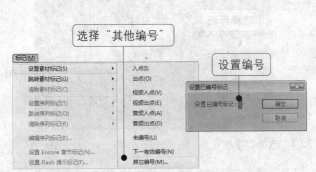

图 3.20　添加带有数字的标记

图 3.21 设置标记后的"源监视器"

（2）在"时间线"面板设置标记点。

操作步骤如下。

Step 01 在"时间线"面板中将时间编辑标识线移至需要添加标记的位置处，单击▲按钮即可以为"时间线"面板建立标记点，如图 3.22 所示。

Step 02 如果要设置带有数字的标记点，选择"标记"|"设置序列标记"|"其他编号"命令，在弹出的对话框的数值栏中输入数字，然后单击"确定"按钮即可，如图 3.23 所示。

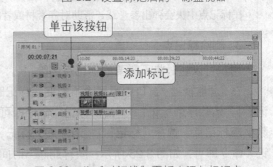

图 3.22　为"时间线"面板中添加标记点

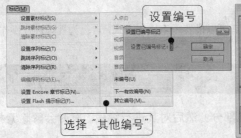

图 3.23　设置数字标记点

在"节目监视器"窗口中找到设置标记的位置，单击 💟 按钮或者数字键盘上的"*"键，也可以添加一个不带数字的标记点。

2. 使用标记点

为素材或时间标尺设置标记后，用户可以快速找到某个标记位置，或通过标记使素材对齐。查找数字标记点方法有以下几种：

- 在"源监视器"窗口中单击 ⬦➡ 或 ➡⬦ 按钮，可以找到上一个或者下一个标记点。
- 如果标记点带有数字，可以直接在时间轴中找到。
- 如果在"时间线"序列中查找数字标记点时，可以选择"标记"|"跳转序列标记"|"编号"命令，在弹出的"跳转已编号标记"对话框中选择需要的标记点即可，如图 3.24 所示。

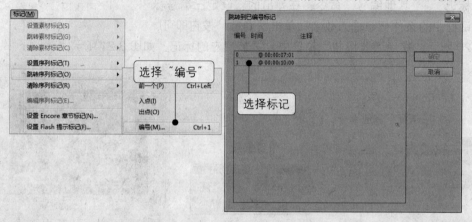

图 3.24　选择数字标记点

注　意

可以利用标记点在素材之间或素材与时间标尺之间对齐。在时间线中拖动素材上的标记点，这时在标记点中央会弹出参考线，帮助对齐素材或者时间标尺上的标记点。当标点对齐后，松开鼠标即可。

3. 删除标记点

用户可以随时将不需要的标记点删除。

在"源监视器"窗口中想删除不需要的标记时，选择"标记"|"清除序列标记"|"当前标记"命令即可；如果要删除全部标记点，选择"标记"|"清除序列标记"|"所有标记"命令即可，如图 3.25 所示。同样删除"时间线"序列中的标记，只需选择"标记"|"清除序列标记"|"当前标记"或"所有标记"命令。

图 3.25　选择"所有标记"

提　示

本节中的基础内容都以步骤的形式表现，因此读者可以借鉴一下操作方式，自己为视频进行操作。

3.2　分离素材

在进行影视剪辑时经常会将一个源素材分割成几部分，然后对其进行编辑。有时会解除素材的视音频链接，然后分别对其进行编辑。

3.2.1　课堂实训 3——素材的切割

最基本的素材切割方法就是使用 ![刀] 工具（剃刀工具）对素材进行切割。

Step 01 向"时间线"面板中拖入"视频 01.avi"素材，将时间编辑标识线移至需要切割的位置。

Step 02 在"工具"面板中选择 ![刀] 工具，在编辑标识线处单击鼠标左侧，该素材就被切割为两部分，每部分都有各自的长度和入点与出点，如图 3.26 所示。

Step 03 向"时间线"面板中多个轨道上拖入素材，同时进行切割，可按住 Shift 键，光标转换为 ![刀] 状态时单击鼠标进行切割，则所有轨道上的素材都会在该位置被切割，如图 3.27 所示。

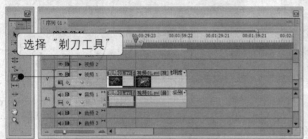

图 3.26　切割素材为两部分　　　　图 3.27　切割多个素材

提　示

按住 Shift 键进行切割时，如果有锁定的轨道，分割时该轨道上的素材将不被分割。

3.2.2　课堂实训 4——插入和覆盖编辑

在"源监视器"窗口中为素材设置入点、出点，使用 ![插入] （插入）工具与 ![覆盖] （覆盖）工具就可将入点、出点之间的素材部分插入到"时间线"面板中的素材上，或将"时间线"面板中同等长度的素材覆盖。

1. 插入编辑

Step 01 在"源监视器"窗口中，设置素材的入点、出点，如图 3.28 所示。

Step 02 在"时间线"面板中选择要插入素材的轨道，并将时间编辑标识线移至素材要插入的时间位置，如图 3.29 所示。

Step 03 在"源监视器"窗口中单击 ![插入] 按钮，将选择的素材片

图 3.28　设置出点、入点

段插入到"时间线"面板中。后半部分素材会向后推移，连接在新插入的素材后面，如图 3.30 所示。

图 3.29　移动编辑标识线　　　　图 3.30　插入素材

2. 覆盖编辑

这里使用上面设置好的入点、出点部分素材。

Step 01　在"时间线"面板中，将时间编辑标识线放置在要覆盖的素材的位置，如图 3.31 所示。

Step 02　在"源监视器"窗口中单击 按钮，将素材覆盖到"时间线"面板中，在同一位置的原素材被覆盖，如图 3.32 所示。

 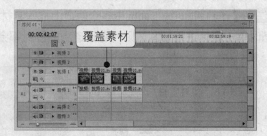

图 3.31　放置编辑标识线　　　　　　　　　　图 3.32　覆盖素材

3.2.3　课堂实训 5——提升和提取编辑

使用"节目监视器"窗口中的 和 工具可精确删除"时间线"面板中指定的某一段素材。

1. 提升编辑

Step 01　在"节目监视器"窗口中为素材需要提升的部分设置入点和出点。入点、出点之间的区域在"时间线"面板中的时间标尺上以深色显示，如图 3.33 所示。

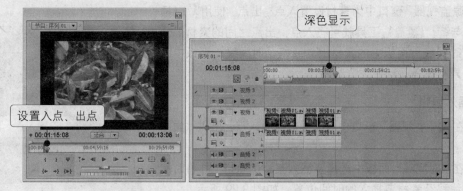

图 3.33　在"节目监视器"中设置入点、出点

Step 02　在"时间线"面板中选择要提升素材的轨道，在"节目监视器"窗口中单击 按钮，入点和出点之间的素材被删除，删除后会留下空白的区域，如图 3.34 所示。

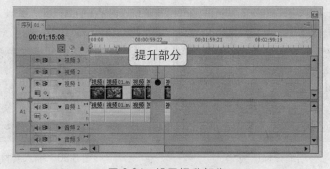

图 3.34　设置提升部分

2. 提取编辑

`Step 01` 在"节目监视器"窗口中设置入点、出点，如图 3.35 所示。

`Step 02` 在"时间线"面板中选择要提取素材的轨道，在"节目监视器"窗口中单击 按钮，入点和出点之间的素材被删除，后面的素材向前移动补充空缺，如图 3.36 所示。

图 3.35　设置入点、出点

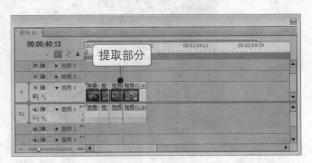
图 3.36　使用"提取"按钮

3.2.4　视、音频素材链接

在进行影视编辑时，有时需要单独处理视音频文件中的视频部分或音频部分，这就需要对文件进行解除视音频链接的设置。

在"时间线"面板中选择视音频素材，单击鼠标右键，在弹出的菜单中选择"解除视音频链接"命令，如图 3.37 所示。

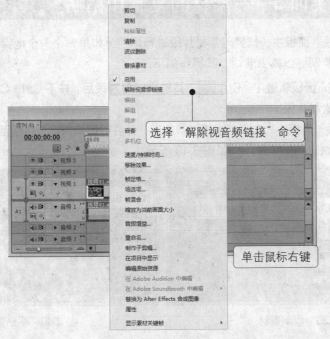
图 3.37　解除视音频链接

如果想将视频素材与音频素材进行链接，在"时间线"面板中选择要链接的视频素材和音频素材，单击鼠标右键，在弹出的菜单中选择"链接视频和音频"命令，如图 3.38 所示，这样就将素材链接在一起了。

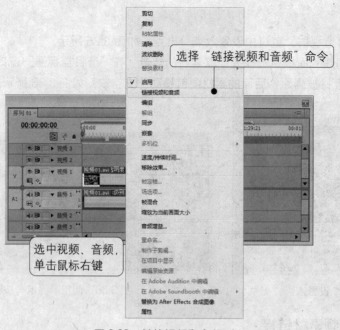

图 3.38　链接视频和音频

　　本节中所介绍的内容主要是素材的切割、插入、覆盖、提升、提取、视音频的链接，而且在介绍时都是以步骤的形式表现，因此读者可以借鉴一下操作的方式，自己定义一个视频进行以上操作。

3.3　课堂实训 6——素材的复制和粘贴

　　有时在"时间线"面板中，需要对素材片段进行调整，如果一个一个地操作，不仅很麻烦，而且容易出错，通过复制可以减少麻烦，其操作如下。

Step 01　在"时间线"面板轨道中，使用 ▶ 工具选中素材片段后，按下 Ctrl＋C 键，如图 3.39 所示。可以快速复制这个素材片段。

Step 02　在"时间线"面板中，选择"视频 2"轨道，并将时间编辑标识线移至一个新的位置，按下 Ctrl＋V 键，就可以快速粘贴该片段，如图 3.40 所示。

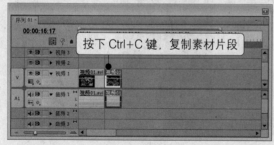

图 3.39　复制素材

图 3.40　粘贴素材

　　如果粘贴位置是一个空位，而且空间不足，系统会调整原始片段的出点以适应这个空位；如果片段的长度少于空位，则多余部分保持空白；如果位置上已经有其他片段，则会替换它，同时将调整自身出点到目标片段的长度。

可以选择"编辑"|"粘贴插入"命令，将素材片段插入到空间中，这样不会占用原来所空出来的空间。

> **提 示**
>
> 本节中所介绍的重点内容主要是对素材的复制、粘贴，在介绍时都是以步骤的形式表现，因此读者可以自己操作，进一步了解。

3.4　课堂实训 7——素材编组和序列嵌套

在进行影视编辑时，如果要对多个素材进行同样的编辑操作，可将素材进行编组，然后再对素材进行设置，这样省时省力。

Step 01 在"时间线"面板中框选要编组的素材，按住 Ctrl 键可加选素材。

Step 02 在选择的素材上单击右键，在弹出的菜单中选择"编组"命令，如图 3.41 所示，这样素材就被编组成为一个整体。

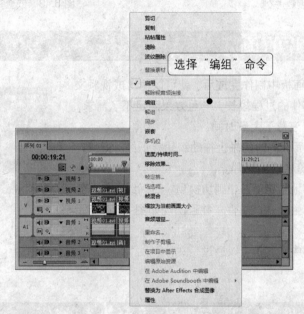

图 3.41　对"时间线"面板的素材进行编组

> **注 意**
>
> 素材编组后，其属性将无法改变。

如果要取消对素材的编组，可以选择被编组的素材，单击鼠标右键，在弹出的菜单中选择"解组"命令即可。

当素材太多时，可新建序列，使序列之间进行嵌套，方便对素材的管理，其操作步骤如下。

Step 01 在"项目"面板中，单击底部的 按钮，选择列表中的"序列"选项，弹出"新建序列"对话框，默认的序列名称为"序列 02"，单击"确定"按钮，如图 3.42 所示。

Step 02 在"项目"面板中，选中"序列 01"，并将其拖至"时间线：序列 02"面板视频轨道中，如图 3.43 所示，这样就完成了序列嵌套的操作。

> **提 示**
>
> 序列可进行多层嵌套，但会占用较多的内存。

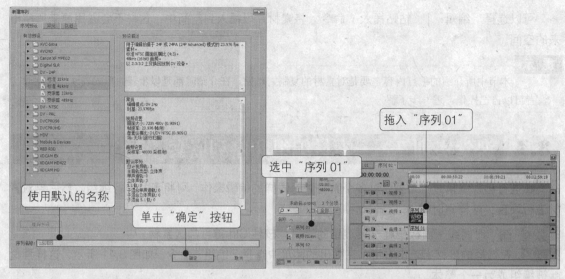

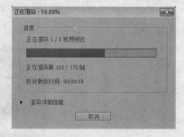

图 3.42　创建序列　　　　　　　　　　　　　　　　图 3.43　嵌套序列

3.5 生成影片的预览

影片在"时间线"面板中制作完成后，就可以输出成视频文件了。但是生成视频文件的过程较长，一旦效果满足不了需求，就要重新编辑，这样就浪费了大量时间。

直接在"时间线"面板的时间轴上拖动编辑标识线，即可在"节目监视器"窗口预览生成的影片。

如果需要更加精细地预览影片，则切换到"时间线"窗口并按回车，这时系统开始生成预览文件，并且出现如图 3.44 所示的"正在渲染"消息框。

图 3.44　"正在渲染"消息框

如果想在播放软件中欣赏，可以通过"文件"|"导出"|"媒体"命令，然后对视频进行设置，渲染输出后欣赏。

3.6 案例实训——对喜欢的画面进行剪辑

通过前面的学习，下面将对一段视频进行剪辑，其操作步骤如下。

3.6.1 对素材进行剪辑

本例通过剪辑，把自己喜欢的片段结合，如图 3.45 所示。

图 3.45　剪辑效果

Step 01 启动 Premiere Pro CS5，新建一个项目文件，进入界面，在"项目"面板中"名称"下空白处双击鼠标左键，导入"素材\Cha03\视频片段.avi"文件。在"项目"面板中双击"视频片段.avi"，如图 3.46 所示，在"源监视器"窗口中显示出来。

Step 02 在"源监视器"窗口中，时间显示处输入 00:00:23:20，单击 按钮，添加一个入点。在"源监视器"窗口中将当前时间调整为 00:01:02:05，并单击 按钮，为素材添加一个出点，如图 3.47 所示。

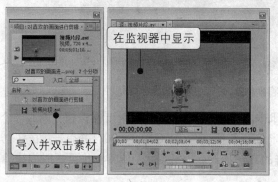

图 3.46　导入并双击素材　　　　　　　　图 3.47　设置素材入、出点

Step 03 此时将光标放在"源监视器"窗口中的画面上，按住鼠标左键，此时光标会变为一个小手状，拖动鼠标，将入点、出点之间的素材拖至"时间线"面板"视频 1"轨道上，如图 3.48 所示。

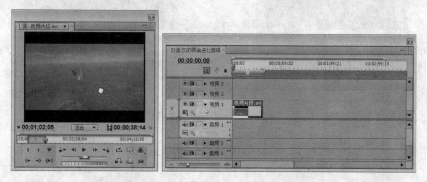

图 3.48　将素材拖至时间线面板中

Step 04 在"源监视器"窗口中，将当前时间调整为 00:01:13:10，单击 按钮，添加一个入点，如图 3.49 所示。在"源监视器"窗口中将当前时间调整为 00:01:26:20，并单击 按钮，为素材添加一个出点，如图 3.50 所示。

图 3.49　设置素材的入点　　　　　　　　图 3.50　设置素材的出点

Step 05 在"源监视器"窗口中的画面上，按住鼠标左侧拖动，将入点、出点之间的素材拖至"时间线"面板"视频1"轨道中，并与前一个素材的结尾处对齐，如图3.51所示。

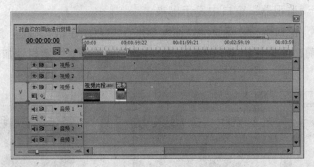

图 3.51　将素材拖至"时间线"面板中

Step 06 在"源监视器"窗口中，将当前时间调整为00:01:28:08，单击 按钮，添加一个入点，如图3.52所示。在"源监视器"窗口中，将当前时间调整为00:01:58:00，并单击 按钮，为素材添加一个出点，如图3.53所示。使用同样的方法将入点、出点之间的素材拖至"时间线"面板"视频1"轨道中。

图 3.52　设置素材的入点

图 3.53　设置素材的出点

Step 07 在"源监视器"窗口中，将当前时间调整为00:02:15:22，单击 按钮，添加一个入点，如图3.54所示。在"源监视器"窗口中将当前时间调整为00:02:38:00，并单击 按钮，为素材添加一个出点，如图3.55所示。使用同样的方法将入点、出点之间的素材拖至"时间线"面板"视频1"轨道中。

图 3.54　设置素材的入点

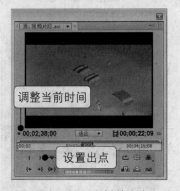

图 3.55　设置素材的出点

Step 08 在"源监视器"窗口中，将当前时间调整为00:02:55:15，单击 按钮，添加一个入点，如

图 3.56 所示。在"源监视器"窗口中将当前时间调整为 00:03:27:06，并单击 按钮，为素材添加一个出点，如图 3.57 所示。使用同样的方法将入点、出点之间的素材拖至"时间线"面板"视频 1"轨道中。

图 3.56　设置素材的入点

图 3.57　设置素材的出点

Step 09 在"源监视器"窗口中，将当前时间调整为 00:03:31:26，单击 按钮，添加一个入点，如图 3.58 所示。在"源监视器"窗口中将当前时间调整为 00:04:02:26，并单击 按钮，为素材添加一个出点，如图 3.59 所示。使用同样的方法将入点、出点之间的素材拖至"时间线"面板视频 1 轨道中。

图 3.58　设置素材的入点

图 3.59　设置素材的出点

Step 10 在"源监视器"窗口中，将当前时间调整为 00:04:18:27，单击 按钮，添加一个入点，如图 3.60 所示。在"源监视器"窗口中将当前时间调整为 00:05:00:15，并单击 按钮，为素材添加一个出点，如图 3.61 所示。使用同样的方法将入点、出点之间的素材拖至"时间线"面板"视频 1"轨道中。

图 3.60　设置素材的入点

图 3.61　设置素材的出点

Step 11 此时素材剪辑已完成，在"时间线"面板中的素材排列如图 3.62 所示。

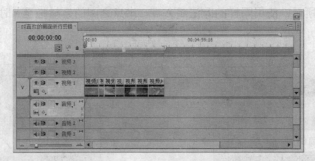

图 3.62 "时间线"面板

3.6.2 调整素材片段

Step 01 在"时间线"面板中选中第一个素材，激活"特效控制台"面板，将"运动"下的"缩放比例"设置为 105，如图 3.63 所示。然后将其他视频素材的"缩放比例"都设置为 105。

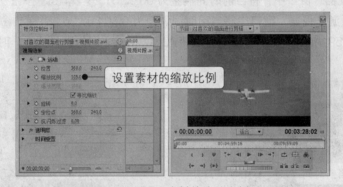

图 3.63 设置素材的缩放比例

Step 02 在"时间线"面板中，设置第四部分素材的持续时间，将第四部分素材选中，并单击鼠标右键，在弹出的快捷菜单中选择"速度/持续时间"命令，在打开的对话框中，将"速度"设置为 200，如图 3.64 所示，将后面的素材片段前移。

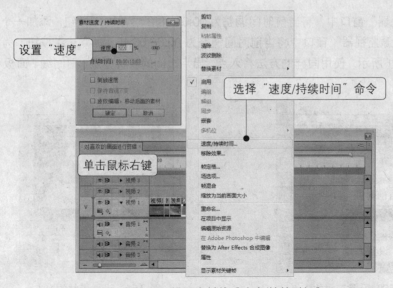

图 3.64 设置素材的"速度/持续时间"

3.6.3 输出生成 AVI 视频

设置完成后，将素材输出为视频进行欣赏。

Step 01 激活"时间线"面板，选择"文件"|"导出"|"媒体"命令。打开"导出设置"对话框，将"格式"设置为"Microsoft AVI"，单击"输出名称"右侧，设置文件名和保存路径，单击"保存"按钮，返回"导出设置"对话框，如图 3.65 所示。

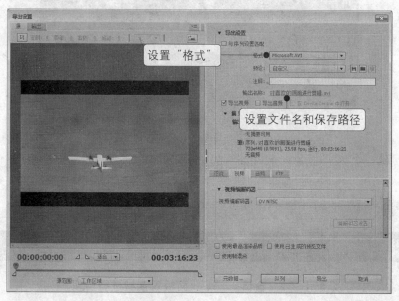

图 3.65 "导出设置"对话框

Step 02 打开"视频"选项卡，将"视频编解码器"设置为 Microsoft Video 1，将"品质"设置为100，将"场类型"设置为"逐行"，如图 3.66 所示。

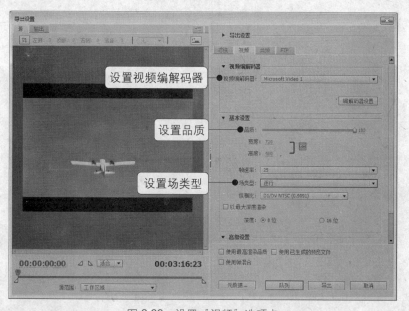

图 3.66 设置"视频"选项卡

Step 03 单击"队列"按钮，启动 Adobe Media Encoder 软件，在打开的窗口中单击"开始队列"按钮进行渲染输出，如图 3.67 所示。

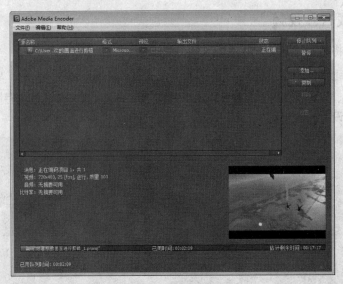

图 3.67　渲染输出

　　在"导出设置"对话框中也可直接单击对话框下方的"导出"按钮。

3.7　课后练习

（1）Premiere 中可以使用_____窗口、_____面板对素材进行剪辑。

（2）导出"媒体"命令的快捷键是_____。

（3）_____面板可以设置素材的缩放比例。

第4章

在视频中应用切换效果

本章导读

　　影视镜头是组成电影以及其他影视节目的基本单位，一部视频或者一个电视节目是由很多镜头组成的，镜头穿插之间的变化被称为"切换"或转场。

　　本章将主要介绍视频切换，包括切换效果的设置、高级切换效果等。通过本章的学习，读者可以熟练掌握视频切换的制作。

知识要点

- ✪ 如何添加切换效果
- ✪ 设置切换效果
- ✪ 掌握常用的切换效果
- ✪ 使用切换效果衔接素材

4.1　关于切换效果

　　切换效果也称为转场、过渡，主要用于在影片中从一个场景转到另外一个场景，达到烘托场面效果的目的。

　　一个完整的影片通常是由许多个片段组成的。在没有添加任何切换效果之前，这些片段之间的过渡往往很生硬。这样一来，添加视频切换就成了最常见的操作之一。

　　下面用一个浅显的例子来说明切换效果的使用，具体操作步骤如下。

`Step 01` 制作人物之间变化的影片，使用两张图片素材，如图 4.1 所示，如果在"时间线"面板直接切换，两张图片素材间的切换非常生硬。

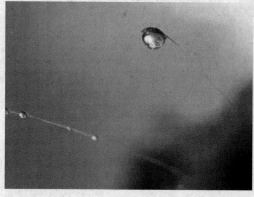

图 4.1　两张图像素材

Step 02 为两张图片素材添加"非附加叠化"切换效果之后，可以产生第 1 个图像逐渐消隐，第 2 个图像逐渐增强的效果，从而在两张图片之间实现了平滑过渡，如图 4.2 所示。

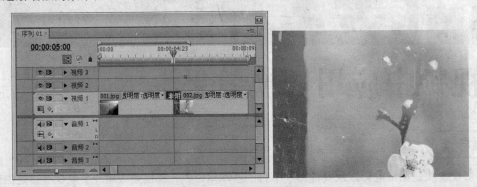

图 4.2 添加切换效果

4.2 添加切换效果

4.2.1 基础知识与要点讲解

所有切换效果的添加步骤都是非常相似的，本节使用一个简单的例子来演示如何将切换效果添加到片段之间，其操作如下。

> **提 示**
> 切换效果只可以添加到视频轨道上。如果视频轨道没有打开，请单击视频轨道名称左边的三角符号将其展开。

Step 01 启动 Premiere Pro CS5 软件，单击"新建项目"按钮，新建一个项目文件。进入界面，在"项目"面板中导入两个素材文件，并分别将这两个素材拖至"时间线"面板中，如图 4.3 所示，读者可以自定义素材。

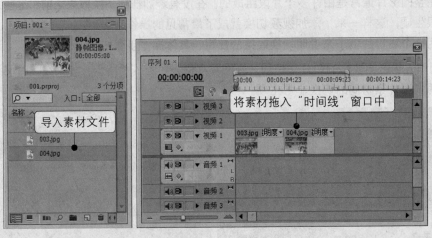

图 4.3 导入两个素材文件

Step 02 激活"效果"面板，选择"视频切换"文件夹，将其展开，然后再选择相应文件夹下的切换效果，按住鼠标左键将其拖至"时间线"面板视频轨道中两个素材之间，如图 4.4 所示。

Step 03 单击"节目监视器"窗口中的 ▶ 按钮进行播放，其效果如图 4.5 所示。

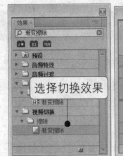
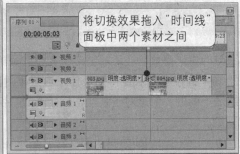

图 4.4　将切换效果添加到素材之间　　　　　　　　图 4.5　切换效果

4.2.2　课堂实训 1——普通素材切换效果

制作一个素材切换的效果，具体操作步骤如下。

Step 01 启动 Premiere Pro CS5 软件，单击"新建项目"按钮，新建一个项目文件。进入界面，在"项目"面板中，双击"名称"下的空白处，导入"素材\Cha04\005.jpg、006.jpg"文件，并将这两个图像素材拖至"时间线"面板中，如图 4.6 所示。

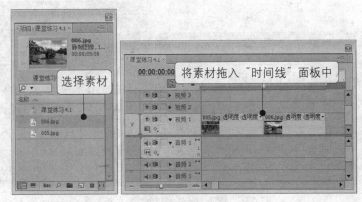

图 4.6　导入素材

> **注 意**
>
> 将素材拖至"时间线"视频轨道中后，还需要在"特效控制台"面板中调整它们的"缩放比例"，然后再调整它们的"持续时间"。

Step 02 激活"效果"面板，选择"视频切换"|"叠化"|"附加叠化"切换效果，将其拖至"时间线"面板中视频 1 轨道两个素材之间，如图 4.7 所示，在"节目监视器"窗口中的播放效果如图 4.8 所示。

图 4.7　添加切换效果　　　　　　　　图 4.8　附加叠化效果

4.3 设置切换效果

切换效果除能消除素材之间切换时的生硬感之外，还能够产生许多炫目的视觉效果。了解这些效果本身具有的各种设置参数并且正确掌握设置方法是得到最佳过渡效果的前提。

每一种切换效果的设置参数显然是不同的，但是对于某些常规的参数，例如切换的方向等，每种切换效果的设置方法都是完全相同的。

本节将以"视频切换"｜"3D 运动"｜"门"切换效果为例进行介绍，"门"通过模仿两扇门打开、关上时候的效果来实现两个片段之间的平滑过渡。

4.3.1 设置切换效果的共有参数

几乎所有的切换效果都需要设置显示剪辑画面、切换效果边宽、切换效果边色、反转、显示实际来源、抗锯齿品质等参数，下面将详细介绍这些共有参数的具体设置方法。

在"时间线"面板的视频轨道上，选中"门"切换效果，激活"特效控制台"面板，如图 4.9 所示。

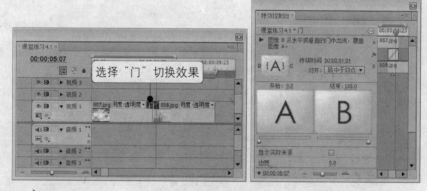

图 4.9　激活"特效控制台"面板

1. 显示切换效果的真实素材

在对话框的上部，有 A 框预览切换的开始画面，B 框预览切换的结束帧画面，如图 4.9 所示。勾选"显示实际来源"复选框，即可在预览框中看到真实帧的切换画面，如图 4.10 所示。

拖动预览框下面的滑块，可以定义过渡起始帧的位置。例如，将滑块拖动到开始 50%的位置，表示过渡效果开始于 50%位置的这一帧，如图 4.11 所示。

图 4.10　勾选"显示实际来源"复选框

图 4.11　设置"开始"的值

注意

右边预览框下面的滑块用来设置结束帧的位置。一般来说，结束帧的值应该比起始帧大。如果结束帧的数值比起始帧还要小，那么前面的起始帧的位置将会受到影响。

2. 设置切换效果的边宽、边色

在"特效控制台"面板中，"边宽"用来调节过渡效果两个帧画面之间的边缘宽度，范围从 0 到 100，设置的时候可以立即从预览框中观察到过渡效果的边缘宽度，如图 4.12 所示。

单击"边色"右侧的色块，可以在"颜色拾取"面板中设置颜色 RGB，用于设定切换效果两个画面切换时的边缘颜色，默认为黑色，对"边色"设置后的效果如图 4.13 所示。

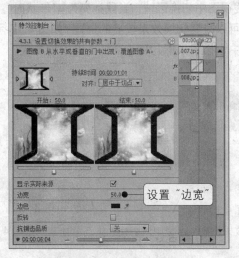

图 4.12　设置"边宽"

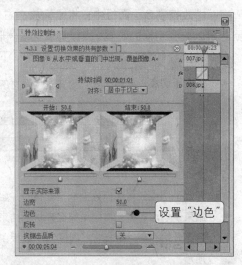

图 4.13　设置"边色"

3. 切换效果的反转、抗锯齿品质

在"特效控制台"面板中"反转"选项可以控制切换两个素材的先后顺序，如图 4.14 所示（左）是没有勾选"反转"的效果，图 4.14（右）是勾选"反转"后的效果。

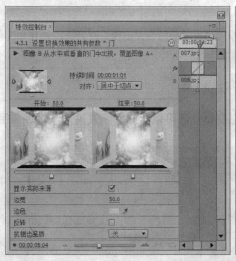

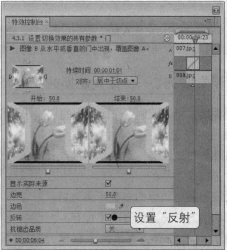

图 4.14　反转效果

"切换效果"的"抗锯齿品质"可以定义为不同的选项，当定义为"无"时，可以看到切换效果的锯齿效果；当定义为"高"时，切换效果的边缘部分模糊化，如图 4.15 所示。

图 4.15 "无"与"高"抗锯齿品质的效果

4. 调整切换区域

在"特效控制台"面板中，将鼠标放在右侧时间线视图中切换区域，当鼠标变为 ✥ 形状时，拖动鼠标可以改变切换的位置；当鼠标变为 ✥ 形状时，可以改变切换效果校准的位置，如图 4.16 示。

在"特效控制台"面板左侧的"对齐"下拉列表中包括了以下几种改变切换位置的方式。

- 居中于切点：将切换效果放在两个素材的中间位置，如图 4.17 所示。

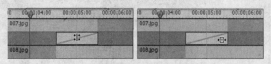

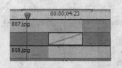

图 4.16 改变切换位置   图 4.17 居中于切点

- 开始于切点：将切换效果拖至素材的开始处，如图 4.18 所示。
- 结束于切点：将切换效果拖至素材的结束处，如图 4.19 所示。
- 自定开始：通过鼠标在"时间线"面板中或在"效果控制"面板中对切换效果任意拖动，如图 4.20 所示。

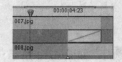   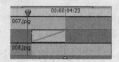   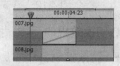

图 4.18 开始于切点   图 4.19 结束于切点   图 4.20 自定开始

> **注 意**
>
> 如果素材的出点和入点没有可扩展区域，在添加切换效果时会弹出警告对话框，并且系统会自动在出点和入点处，根据切换的时间加入一段静止画面来过渡。

4.3.2 课堂实训 2——设置切换效果的特殊选项

仔细观察"特效控制台"面板中的切换小预览窗口，还可以看到切换效果演示区域周围有 4 个箭头，水平的一对箭头有黑色边框显示，而另外一对则没有，这表示切换效果的作用方向是水平的。

单击没有黑色边框的垂直箭头，切换效果的切换方向马上就变成了垂直，同时垂直方向上的箭头有黑色边框显示，水平方向上的箭头变成了白色，如图 4.21 所示。

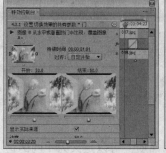

图 4.21 设置切换方向

制作一个素材切换的效果，具体操作步骤如下。

1. 导入素材

Step 01　启动 Premiere Pro CS5 软件，单击"新建项目"按钮，新建一个项目文件。进入界面，在"项目"面板中，双击"名称"下的空白处，选择"素材\Cha04\009.jpg、010.jpg、011.jpg、012.jpg"文件，单击"打开"按钮，将四个图像素材导入到"项目"面板中，如图 4.22 所示。

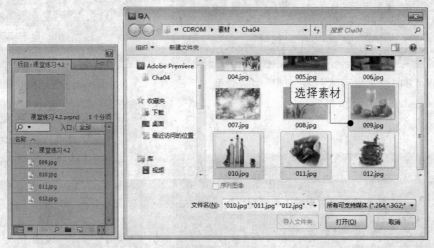

图 4.22　导入素材

Step 02　在"项目"面板中，选中四个图像素材，拖至"时间线"面板"视频 1"轨道中，如图 4.23 所示。

图 4.23　拖入素材至"时间线"面板

2. 添加并设置切换效果

Step 01　激活"效果"面板，选择"视频切换"|"叠化"|"随机反相"切换效果，并将其拖至"时间线"面板"视频 1"轨道中的"009.jpg"、"010.jpg"之间，如图 4.24 所示。

Step 02　选中"随机反相"切换效果，激活"特效控制台"面板，勾选"显示实际来源"复选框，观看一下切换效果，如图 4.25 所示。

Step 03　激活"效果"面板，选择"视频切换"|"叠化"|"抖动溶解"切换效果，并将其拖至"时间线"面板"视频 1"轨道中的"010.jpg"、"011.jpg"之间，如图 4.26 所示。

Step 04　选中"抖动溶解"切换效果，激活"特效控制台"面板，勾选"显示实际来源"复选框，将"抗锯齿品质"定义为"高"，如图 4.27 所示。

图 4.24 为素材添加"随机反相"切换效果

图 4.25 显示实际素材

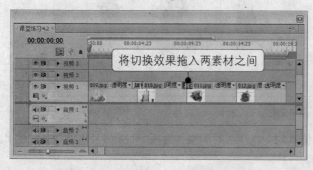

图 4.26 为素材添加"抖动溶解"切换效果

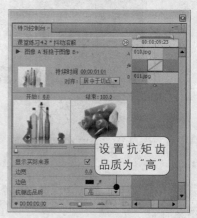

图 4.27 设置"抗锯齿品质"

Step 05 激活"效果"面板,选择"视频切换"|"缩放"|"缩放拖尾"切换效果,并将其拖至"时间线"面板"视频 1"轨道中的"011.jpg"、"012.jpg"之间,如图 4.28 所示。

Step 06 选中"缩放拖尾"切换效果,激活"特效控制台"面板,勾选"显示实际来源"复选框,勾选"反转"复选框,单击"自定义"按钮,在打开的对话框中,将"拖尾数量"设置为 30,如图 4.29 所示。

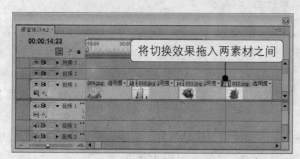

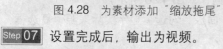

图 4.28 为素材添加"缩放拖尾"切换效果

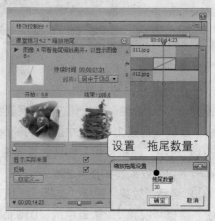

图 4.29 设置"拖尾数量"

Step 07 设置完成后,输出为视频。

4.4 常用的切换效果

本节介绍几种最常用的切换效果，希望读者能够体会这几种切换效果的用法，同时做到灵活运用。

由于 Premiere Pro CS5 中相似的切换效果都按照文件夹安放，这里就将这些类似的切换效果称为切换效果文件夹。由于篇幅的限制，每个切换效果文件夹中的切换效果只能做选择性的介绍。

4.4.1 "3D 运动"切换效果组

"3D 运动"切换效果组中的切换效果都可以产生具有立体感觉的过渡，共包括 10 个切换效果，下面将介绍常用的几个。

1. "向上折叠"切换效果

"向上折叠"可产生一种方形折叠式的切换效果，如图 4.30 所示。

图 4.30 "向上折叠"切换效果

2. "摆入"切换效果

"摆入"是以某条边为中心像钟摆一样进入，如图 4.31 所示。

图 4.31 "摆入"切换效果

3. "旋转"切换效果

"旋转"可使后一个素材以平面压缩的方式进入前一个素材，如图 4.32 所示。

图 4.32 "旋转"切换效果

4. "旋转离开"切换效果

"旋转离开"可产生透视旋转效果，如图 4.33 所示。

图 4.33 "旋转离开"切换效果

5. "立方体旋转"切换效果

"立方体旋转"可以使两个素材产生立方体旋转的三维切换效果,如图 4.34 所示。

图 4.34 "立方体旋转"切换效果

6. "筋斗过渡"切换效果

"筋斗过渡"是以透视翻转进入覆盖前一个素材,如图 4.35 所示。

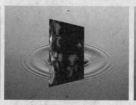

图 4.35 "筋斗过渡"切换效果

4.4.2 "映射"切换效果组

在"映射"切换效果组中包括两个切换效果,具体介绍如下。

1. "明亮度映射"切换效果

"明亮度映射"是将前一个素材的明亮度映射到后一个素材上,其效果如图 4.36 所示。

图 4.36 "明亮度映射"切换效果

2. "通道映射"切换效果

"通道映射"可以复制参与切换的图像的通道到完成的效果通道中,如图 4.37 所示。将该切换效果拖至两个素材之间时会弹出"通道映射设置"对话框,如图 4.38 所示。

利用 4 个"映射"下拉选项,可以选择开始素材的 Alpha 通道、红色通道、绿色通道、蓝色通道,右侧的文字指明这一个通道对应结束素材的哪个通道。

图 4.37 "通道映射"切换效果

图 4.38 "通道映射设置"对话框

- **反相**：反转相应的通道值。

4.4.3 "划像"切换效果组

下面将对"划像"切换效果组中的 4 个切换效果进行介绍。

1. "划像交叉"切换效果

"划像交叉"可使前一个素材产生十字交叉状并显示出后一个素材的切换效果，如图 4.39 所示。

图 4.39 "划像交叉"切换效果

2. "圆划像"切换效果

"圆划像"可使前一个素材产生圆形从小到大显示出后一个素材，如图 4.40 所示。

图 4.40 "圆划像"切换效果

3. "划像形状"切换效果

"划像形状"是以形状切换到另一个素材中，该切换效果的默认形状是菱形过渡，如图 4.41 所示。在"特效控制台"面板中，单击"自定义"按钮，打开"划像形状设置"对话框，如图 4.42 所示。

图 4.41 "划像形状"切换效果

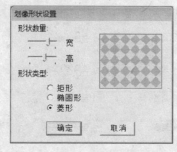

图 4.42 "划像形状设置"对话框

- 形状数量：拖动"宽"和"高"的滑块，设置形状宽、高的数量。
- 形状类型：其中有"矩形"、"椭圆形"和"菱形"三个选项。

4. "点划像"切换效果

"点划像"使前一个素材产生 X 形状显示出后一个素材，如图 4.43 所示

图 4.43 "点划像"切换效果

4.4.4 "卷页"切换效果组

下面将对"卷页"切换效果组中常用的切换效果进行介绍。

1. "中心剥落"切换效果

"中心剥落"使素材从中心一起分裂成 4 块卷出显示另一个素材，图 4.44 所示。

图 4.44 "中心剥落"切换效果

2. "卷走"切换效果

"卷走"产生使素材从某一边像纸一样被卷起来的切换效果，如图 4.45 所示。

3. "翻页"切换效果

"翻页"使素材卷起时，素材剥开背面部分仍是原素材，如图 4.46 所示。

图 4.45　"卷走"切换效果

图 4.46　"翻页"切换效果

4. "剥开背面"切换效果

"剥开背面"从素材的中心分为四部分，然后依次翻卷离开，显示另一个素材，如图 4.47 所示。

图 4.47　"剥开背面"切换效果

4.4.5　"叠化"切换效果组

在"叠化"切换效果组下，共包括有 7 项切换效果，下面将对常用的切换效果进行介绍。

1. "交叉叠化（标准）"切换效果

"交叉叠化（标准）"使两个素材叠化转换，即前一个素材逐渐消失的同时后一个素材逐渐显示，如图 4.48 所示。

图 4.48　"交叉叠化（标准）"切换效果

2. "抖动溶解"切换效果

"抖动溶解"使两个素材实现抖动溶解转换，也就是在叠化过程中增加了一些点，如图 4.49 所示。

图 4.49　"抖动溶解"切换效果

3. "附加叠化"切换效果

"附加叠化"通过前一个素材作为纹理贴图映像给后一个素材，实现高亮度叠化切换效果，如图 4.50 所示。

图 4.50　"附加叠化"切换效果

4. "非附加叠化"切换效果

"非附加叠化"在切换中比较两个素材的亮度，从前一个素材的暗处向亮处逐渐显示后一个素材，如图 4.51 所示。

图 4.51　"非附加叠化"切换效果

4.5　案例实训

通过对上面所介绍的切换效果，下面将通过实际的操作帮助操作者加深印象。

4.5.1　案例实训 1——多层转场特效的制作

本例首先调整每个素材的位置、缩放比例，然后通过添加不同的切换效果，使图像之间产生不同的过渡效果，如图 4.52 所示。

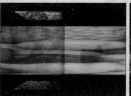

图 4.52　多层转场特效的制作

1. 导入素材

`Step 01` 新创建一个项目文件，进入 Premiere Pro CS5 界面中，双击"项目"面板中"名称"区域下的空白处，在打开的对话框中选择"素材\Cha04\009.jpg、011.jpg、076.jpg~081.jpg"文件，共 8 个图像素材。单击"打开"按钮，将素材导入到"项目"面板中，如图 4.53 所示。

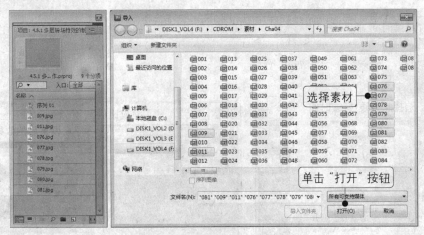

图 4.53 导入多个素材

Step 02 将"项目"面板中的"009.jpg"文件拖至"时间线"面板"视频 1"轨道中，单击鼠标右键，选择快捷菜单中的"速度/持续时间"命令，在"素材速度/持续时间"对话框中，将"持续时间"设置为 00:00:03:00，单击"确定"按钮，如图 4.54 所示。

Step 03 设置素材的缩放比例、位置，激活"特效控制台"面板，将"运动"下的"缩放比例"设置为 20，将"位置"设置为 175、240，在"节目监视器"中的显示如图 4.55 所示。

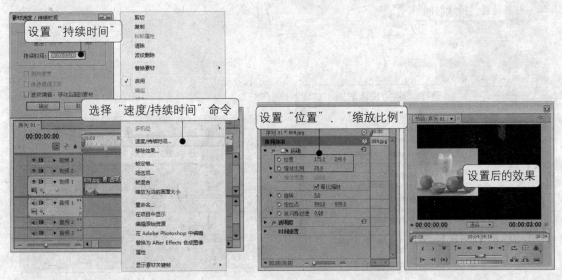

图 4.54 设置素材的"持续时间"　　　　　　图 4.55 设置素材的位置、缩放比例

Step 04 在"项目"面板中，将"011.jpg"文件拖至"时间线"面板"视频 2"轨道中，在素材上单击鼠标右键，选择快捷菜单中的"速度/持续时间"命令，在打开的"素材速度/持续时间"对话框中，将"持续时间"设置为 00:00:03:00，单击"确定"按钮，如图 4.56 所示。

Step 05 设置"011.jpg"文件的缩放比例、位置，激活"特效控制台"面板，将"运动"区域下的"缩放比例"设置为 20，将"位置"设置为 543、240，如图 4.57 所示。

Step 06 在"项目"面板中，将"076.jpg"文件拖至"时间线"面板"视频 1"轨道中，将其与"009.jpg"文件的结束处对齐，然后单击鼠标右键，在弹出的快捷菜单中选择"速度/持续时间"命令，在"素材速度/持续时间"对话框中，将"持续时间"设置为 00:00:03:00，单击"确定"按钮，如图 4.58 所示，在"特效控制台"面板中，将"缩放比例"设置为 25，将"位置"设置为 175、240。

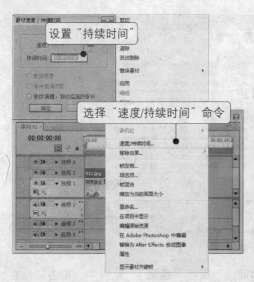

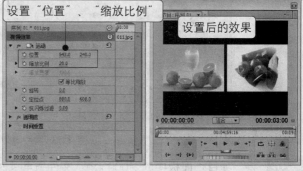

图 4.56 设置"持续时间"　　　　　图 4.57 设置素材的位置、缩放比例

Step 07 将"项目"面板中的"080.jpg"文件拖至"时间线"面板"视频 2"轨道上,将其与"011.jpg"文件的结束处对齐,然后将它的"持续时间"设置为 00:00:03:00,如图 4.59 所示。

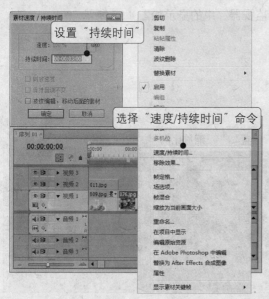

图 4.58 拖入并设置"076.jpg"素材　　　　　图 4.59 拖入并设置"080.jpg"

Step 08 设置"080.jpg"文件的"缩放比例"、"位置",激活"特效控制台"面板,在"运动"区域下,取消"等比缩放"复选框的勾选,将"缩放高度"设置为 34,"缩放宽度"设置为 31,将"位置"设置为 543、240,如图 4.60 所示。

Step 09 使用同样的方法完成如图 4.61 所示的排列,分别将素材拖至"时间线"面板视频 1、2 轨道上,并分别调整它们的"持续时间"为 00:00:03:00,将"视频 1"轨道中素材的"位置"设置为 175、240,将"视频 2"轨道中素材的"位置"设置为 543、240,"缩放比例"的设置由读者自己定义。

> **注 意**
>
> 调整的其他素材显示"缩放比例",在"节目监视器"中显示与"009.jpg"、"011.jpg"的显示相同即可,这里就不详细介绍参数的设置了。

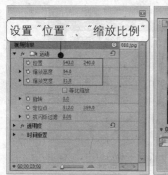

图 4.60　设置素材的缩放比例、位置

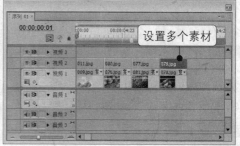

图 4.61　拖入并设置其他素材

2. 设置素材

Step 01　设置完素材后，激活"效果"面板，选择"视频切换" | "缩放" | "缩放拖尾"切换效果，将其拖至"时间线"面板"视频 1"轨道中"009.jpg"、"076.jpg"素材之间和"视频 2"轨道中"011.jpg"、"080.jpg"素材之间，如图 4.62 所示。

图 4.62　添加"缩放拖尾"切换效果

Step 02　选择"视频切换" | "3D 运动" | "门"切换效果，将其拖至"时间线"面板"视频 1"轨道"076.jpg"、"081.jpg"素材之间，如图 4.63 所示。

图 4.63　添加"门"切换效果

Step 03　确定"门"切换效果选中的情况下，激活"特效控制台"面板，单击切换效果演示区域中的向下三角形，如图 4.64 所示。

Step 04　选择"视频切换" | "伸展" | "伸展进入"切换效果，将其拖至"时间线"面板"视频 2"轨道"080.jpg"、"077.jpg"素材之间，如图 4.65 所示。

Step 05　使用同样的方法，在"时间线"面板"视频 1"轨道中最后的两个素材之间添加"立方体旋转"切换效果，为视频 2 轨道中最后两个素材之间也添加"立方体旋转"切换效果，如图 4.66 所示。

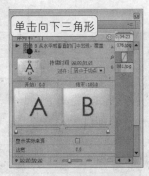

图 4.64　设置切换效果　　　　　图 4.65　添加"伸展进入"切换效果

3. 输出影片

Step 01　激活"时间线"面板，然后选择"文件"|"导出"|"媒体"命令，在打开的"导出设置"对话框中，将"格式"设置为 Microsoft AVI，在"输出名称"处设置文件名和保存路径，单击"保存"按钮，如图 4.67 所示。

图 4.66　添加"立方体旋转"切换效果　　　　　图 4.67　设置文件名和保存路径

Step 02　选择"视频"选项卡，将"视频编解码器"设置为 Microsoft Video 1，将"品质"设置为 100，"场类型"设置为逐行，单击"导出"按钮，渲染输出影片，如图 4.68 所示。

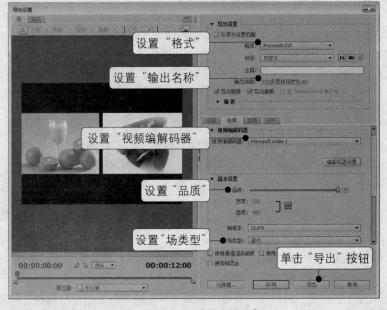

图 4.68　设置"导出设置"

4.5.2 案例实训2——画中画视频转场效果

在本例的制作过程中会用到中心拆分、多旋转、伸展覆盖等切换效果来过渡静态的图像，其效果如图4.69所示。

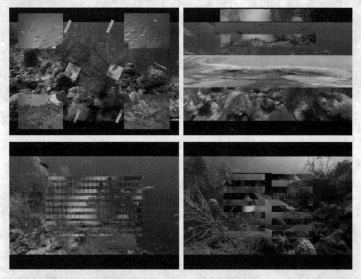

图4.69 画中画视频转场效果

1. 导入素材

Step 01 新创建一个项目文件，进入 Premiere Pro CS5 界面中，双击"项目"面板中"名称"区域下的空白处，在打开的对话框中选择"素材\Cha04\ SC01.jpg~SC04.jpg、背景.avi"，共5个素材文件，单击"打开"按钮，将素材导入到"项目"面板中，如图4.70所示。

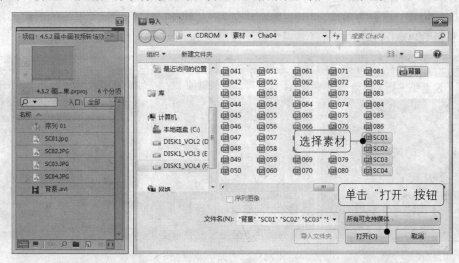

图4.70 导入素材文件

Step 02 在"项目"面板中，将"背景.avi"拖至"时间线"面板"视频1"轨道中，如图4.71所示。

2. 设置素材

Step 01 在"时间线"面板中选中"背景.avi"，激活"特效控制台"面板，将"运动"区域下的"缩放比例"设置为105，如图4.72所示。

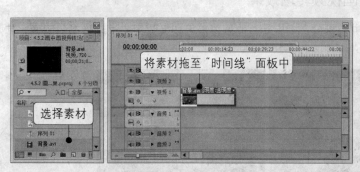

图 4.71 将素材文件拖至"时间线"面板中　　　　图 4.72 设置"缩放比例"

Step 02　将时间编辑标识线移至 00:00:01:00 的位置，在"项目"面板中选择"SC01.jpg"将其拖至"时间线"面板"视频 2"轨道中，与编辑标识线对齐，如图 4.73 所示。

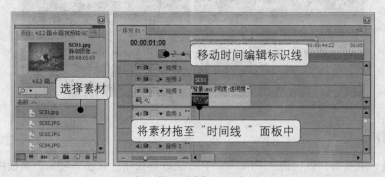

图 4.73 拖入"SC01.jpg"素材

Step 03　确定"SC01.jpg"被选中后，激活"特效控制台"面板，将"运动"区域下的"缩放比例"设置为 50，"位置"设置为 912、186，单击其左侧的⊙按钮，打开动画关键帧的记录，将时间编辑标识线移至 00:00:04:00 的位置，将"位置"设置为 360、240，如图 4.74 所示。

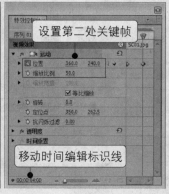

图 4.74 设置两处关键帧

Step 04　激活"效果"面板，选择"视频切换"|"滑动"|"中心拆分"切换效果，将其拖至"SC01.jpg"素材的结尾处，如图 4.75 所示。

Step 05　将时间编辑标识线移至 00:00:05:00 的位置，在"项目"面板中将"SC03.jpg"素材拖至"时间线"面板"视频 3"轨道中，与编辑标识线对齐，将其"缩放比例"设置为 66，如图 4.76 所示。

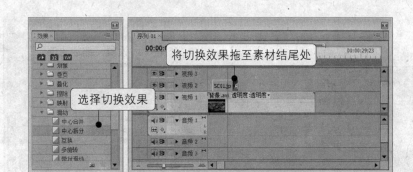

图 4.75　添加切换效果

图 4.76　拖入并设置"SC03.jpg"

Step 06　激活"效果"面板,选择"视频切换"|"滑动"|"多旋转"切换效果,将其拖至"SC03.jpg"素材开始处,如图 4.77 所示。

Step 07　在"效果"面板中,选择"视频切换"|"伸展"|"伸展覆盖"切换效果,将其拖至"SC03.jpg"结尾处,选中"伸展覆盖"切换效果,在"特效控制台"面板中勾选"反转"复选框,如图 4.78所示。

图 4.77　添加切换效果

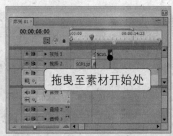

图 4.78　添加并设置切换效果

Step 08　将时间编辑标识线移至 00:00:08:23 的位置,在"项目"面板中将"SC02.jpg"素材拖至"时间线"面板"视频 2"轨道中,与编辑标识线对齐,将其"缩放比例"设置为 66,如图 4.79所示。

Step 09　激活"效果"面板,选择"视频切换"|"滑动"|"滑动框"切换效果,将其拖至"SC02.jpg"素材开始处,选中"滑动框"切换效果,在"特效控制台"面板中选择切换效果演示区域中的向下三角形,单击"自定义"按钮,在打开的"滑动框设置"对话框中,将"带数量"设置为 10,如图 4.80 所示。

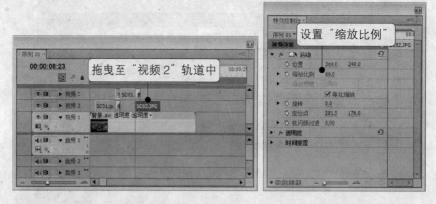

图 4.79 添加并设置"SC02.jpg"

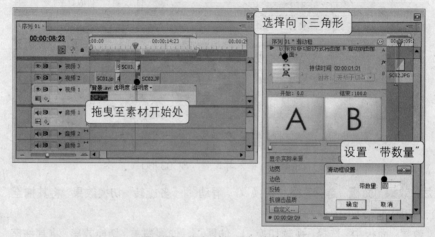

图 4.80 添加并设置切换效果

Step 10 在"效果"面板中,选择"视频切换"|"擦除"|"百叶窗"切换效果,将其拖至"SC02.jpg"素材结尾处,选中"百叶窗"切换效果,在"特效控制台"面板中单击"自定义"按钮,在打开的对话框中将"带数量"设置为 20,如图 4.81 所示。

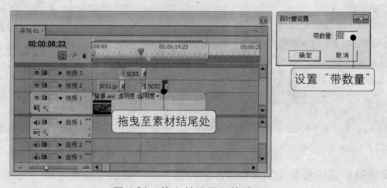

图 4.81 拖入并设置切换效果

Step 11 将时间编辑标识线移至 00:00:12:22 的位置,将"SC04.jpg"拖至"时间线"面板"视频 3"轨道中,与编辑标识线对齐,将其"缩放比例"设置为 70,如图 4.82 所示。

Step 12 将"抖动溶解"切换效果拖至"SC04.jpg"素材开始处,将"带状擦除"切换效果拖至"SC04.jpg"素材结尾处,选中"带状擦除"切换效果,在"特效控制台"面板中单击"自定义"按钮,在打开的对话框中将"带数量"设置为 20,如图 4.83 所示。

图 4.82　拖入并设置"SC04.jpg"

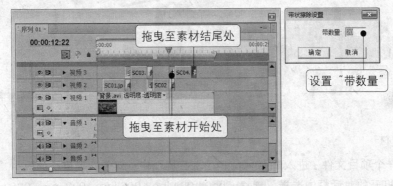

图 4.83　拖入并设置切换效果

3. 导出影片

激活"时间线"面板，选择"文件"｜"导出"｜"媒体"命令，打开"导出设置"对话框，将"格式"设置为 Microsoft AVI，在"输出名称"位置设置文件名及保存路径，在"视频"选项卡区域中，将"视频编解码器"设置为 Microsoft Video 1，将"品质"设置为 100，"场类型"设置为逐行，单击"导出"按钮，渲染输出影片，如图 4.84 所示。

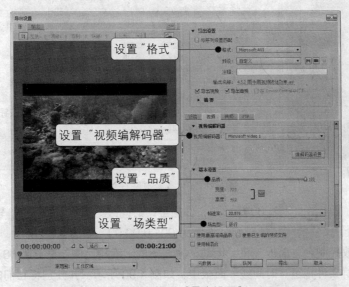

图 4.84　设置"导出设置"

4.5.3 案例实训 3——淡入淡出的效果

下面将对素材添加"交叉叠化"切换效果文件夹中的"切换效果"，产生淡入淡出效果，效果如图 4.85 所示。

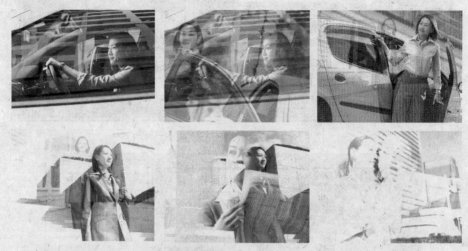

图 4.85 淡入淡出效果

1. 导入素材

Step 01 新建一个项目文件，进入 Premiere Pro CS5 界面中，双击"项目"面板中"名称"区域下的空白处，在打开的对话框中选择"素材\Cha04\004.jpg~006.jpg、033.jpg、036.jpg、058.jpg"文件，共 6 个素材文件，单击"打开"按钮，将素材导入到"项目"面板中，如图 4.86 所示。

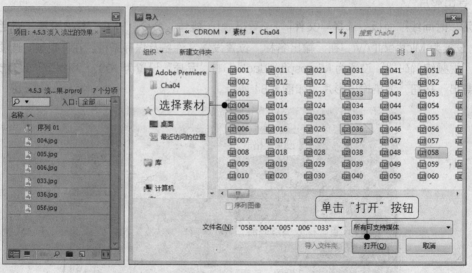

图 4.86 导入素材文件

Step 02 在"项目"面板中，将"004.jpg"文件拖至"时间线"面板"视频 1"轨道中，如图 4.87 所示。将"004.jpg"文件的"持续时间"设置为 00:00:02:00，如图 4.88 所示。

Step 03 激活"特效控制台"面板，将"运动"区域下的"缩放比例"设置为 68，如图 4.89 所示。

Step 04 依次将素材文件拖至"时间线"面板中，如图 4.90 所示，并分别将它们的"持续时间"设置为 00:00:02:00，再分别调整每个素材的缩放比例。

图 4.87 将"004.jpg"拖至"时间线"面板中　　　　图 4.88 设置"持续时间"

图 4.89 设置"缩放比例"　　　　图 4.90 拖入并设置多个素材文件

2. 设置素材

Step 01 激活"效果"面板，选择"视频切换"|"叠化"|"抖动溶解"切换效果，将其拖至"时间线"面板"视频 1"轨道"004.jpg"、"058.jpg"素材的中间，如图 4.91 所示。

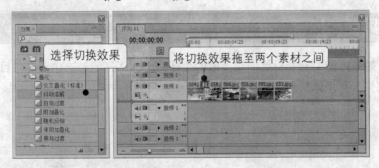

图 4.91 添加"抖动溶解"切换效果

Step 02 依次向"时间线"面板"视频 1"轨道中其他素材之间添加"附加叠化"、"交叉叠化（标准）"、"白场过渡"、"交叉叠化（标准）"切换效果，如图 4.92 所示。

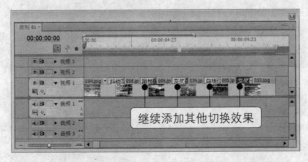

图 4.92 添加多个切换效果

3. 导出影片

激活"时间线"面板，选择"文件"｜"导出"｜"媒体"命令，打开"导出设置"对话框，将"格式"设置为 Microsoft AVI，在"输出名称"位置设置文件名及保存路径，在"视频"选项卡区域中，将"视频编解码器"设置为 Microsoft Video 1，将"品质"设置为 100，"场类型"设置为逐行，单击"导出"按钮，渲染输出影片，如图 4.93 所示。

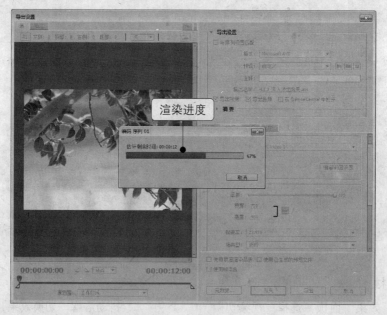

图 4.93　渲染输出影片

4.6　课后练习

(1)　_____效果除能消除素材之间切换时的生硬感之外，还能够产生许多炫目的视觉效果。

(2) 切换效果只可以添加到_____轨道上。

第5章

为影片添加标题字幕

本章导读

在影片节目中，字幕是必不可少的。本章主要讲解在字幕中编辑文字以及图形等内容。

知识要点

- ✪ 认识字幕窗口
- ✪ 创建图形
- ✪ 制作一个简单的字幕
- ✪ 在字幕窗口中编辑文本
- ✪ 字幕文本的基本排版技巧
- ✪ 设置不同形式的字幕

5.1 走进字幕工作区

在 Premiere Pro CS5 中，所有的标题字幕都是在字幕窗口（也叫字幕工作区）中完成的，本节将为您介绍字幕窗口的用法。

5.1.1 走进字幕窗口

启动 Premiere Pro CS5 后，选择"文件"|"新建"|"字幕"菜单命令，打开"新建字幕"对话框，对字幕进行命名，单击"确定"按钮，即可进入如图 5.1 所示的字幕窗口。

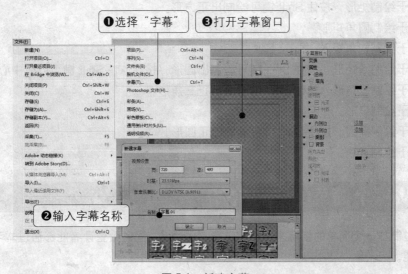

图 5.1 新建字幕

字幕窗口一般不会出现在 Premiere Pro CS5 的工作窗口，必须使用上面的菜单命令调用出来。如果想对已经设置好的字幕进行编辑，双击当前字幕即可再次进入字幕窗口。

> **提 示**
>
> 打开字幕窗口，除了上面所介绍到的方法外，还可以按下 Ctrl+T 快捷键，或在"项目"面板"名称"区域中单击鼠标右键，选择"新建分项"|"字幕"命令。

5.1.2 认识"字幕工具"区域

字幕窗口的左侧是"字幕工具"区域，这里面放置着一些与标题字幕的制作有关的工具。利用这些工具，用户不仅可以加入标题文本、路径文本，绘制简单的几何图形，还可以定义文本的样式。如图 5.2 所示就是字幕工具栏，下面详细介绍该工具栏中的各个工具。

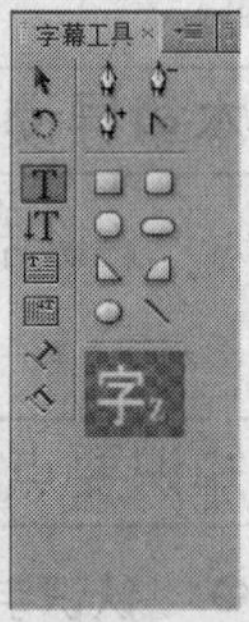

: 该工具用于对文字或图形的选择，按 Shift 键可同时选择多个文字或图形。在处理打开贝赛尔曲线的图形时，选择工具可用于调整编辑点。

: 对当前选择的对象进行旋转调整。

: 用于创建文本、编辑文字。

: 用于创建垂直的文字。

图 5.2　字幕工具

: 该工具可创建一个范围框作为文字的创建区域，即使输入文字数量超出文本框的容量，文字也不会在文本框以外显示出来。

: 该工具用于创建垂直文本框文本。

> **提 示**
>
> 使用 可以对文本框进行调节。

: 该工具可创建任意的路径，使创建的文字都垂直于路径排列。

: 该工具也是用于创建沿路径排列的文本，不同之处在于其所创建的文字都平行于路径排列。

: 用于绘制线条或路径等，并能够绘制图形。

: 用于删除线段上的定位点。

: 用于在线段上添加定位点。

: 可使定位点在"平滑控制点"与"角控制点"之间进行转换，并对定位点进行调整。

: 用于绘制矩形，按住 Shift 键可绘制出正方形。

: 用于绘制圆角矩形。

: 用于绘制切角矩形。

: 用于绘制圆矩形，按住 Shift 键可绘制出圆形，按住 Alt+Shift 键可以以中心创建圆形。

: 用于绘制三角形，按住 Shift 键可绘制正三角形。

: 用于绘制扇形。

: 用于绘制椭圆，按住 Shift 键可绘制出正圆形。

: 用于绘制直线。

5.2　从一个简单的字幕开始

本节通过制作一个简单的字幕来介绍字幕窗口的用法，同时希望读者能够通过本节掌握这些基本的操作技能。

5.2.1 课堂实训 1——创建字幕

打开 Premiere Pro CS5，创建一个新的项目文件，在创建字幕之前，先导入"素材\Cha05\夏日海滩.jpg"文件作为背景，创建字幕的步骤如下。

Step 01 在"项目"面板中，将"素材\Ch05\夏日海滩.jpg"文件，拖至"时间线"面板"视频 1"轨道上，如图 5.3 所示。

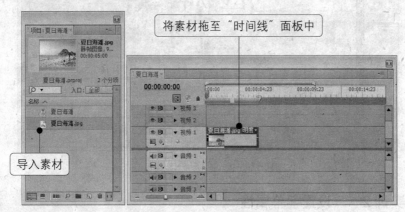

图 5.3 导入素材

Step 02 选择"视频 1"轨道中的素材，激活"特效控制台"面板，取消"运动"区域下"等比缩放"复选框的勾选，将"缩放高度"设置为 76，将"缩放宽度"设置为 69，在"项目"面板中"名称"下空白处右击，在弹出的快捷菜单中选择"新建分项"|"字幕"命令，在打开的"新建字幕"对话框中为字幕命名，如图 5.4 所示，单击"确定"按钮。

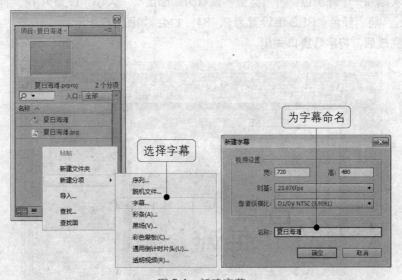

图 5.4 新建字幕

提 示

本节操作步骤仅供参考，例中的图像素材如果没有提供，请读者自己定义。

Step 03 进入字幕窗口，在"字幕工具"区域中选择 T 工具，在字幕编辑区域中，通过回车、空格键输入"夏日海滩"4 个字，在"字幕样式"中选择一种字幕样式，如图 5.5 所示，此时这 4 个字不能显示全，先选择一种字体。

图 5.5　输入"夏日海滩"

5.2.2　课堂实训 2——设置字幕属性

输入完字幕后，下面将设置字幕属性，其操作步骤如下。

Step 01　选中"夏日海滩"，在窗口的右侧"字幕属性"区域中将"属性"下的"字体"设置为"SimSun"，"字体样式"设置为 Regular"字体大小"设置为 89，并使用▶工具调整它的位置。

Step 02　单击"描边"下"外侧边"右侧的"添加"按钮，为"夏日海滩"添加外侧边。将"大小"设置为 4；再次添加一个外侧边，将"类型"设置为"凸出"，"大小"设置为 12，将"填充类型"设置为"实色"，将"颜色"RGB 值设置为 2、84、114，如图 5.6 所示。

Step 03　设置完成后，将字幕窗口关闭。

图 5.6　设置参数

"字幕属性"区域除了包括"字体"、"填充"、"描边"设置外，还包括字幕的阴影、变换的设置，这里不作详细介绍，请读者自己动手设置一下。

5.2.3 课堂实训3——将字幕拖入"时间线"面板

将字幕拖入"时间线"面板中,操作步骤如下。

Step 01 在"项目"面板中,将字幕拖至"时间线"面板"视频2"轨道中,如图5.7所示。

Step 02 此时在"节目监视器"窗口中可以看到字幕与图像素材结合在一起的静态效果,如图 5.8 所示。

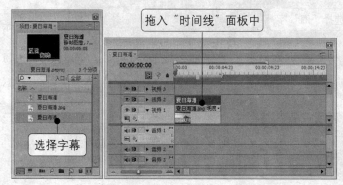

图 5.7　将字幕拖至"时间线"面板　　　　图 5.8　在"节目监视器"中观看效果

提 示

本节中所介绍的重点内容是创建简单的字幕并对其进行"字幕属性"的设置,在介绍时都是以详细的步骤形式表现,因此读者可以借鉴一下操作的方式,自己定义一个背景进行以上操作,以下几节中就不提供"课堂实训"了。

5.3　字幕文本的基本排版技巧

平常观看电影等视频图像时,会发现里面的字幕文本都经过了合理的布局和排版。经过这一节的学习,相信您也会掌握字幕文本的排版技巧。

5.3.1 课堂实训4——设置字幕文本的字体属性

如果想再次修改字幕字体属性的话,打开字幕窗口,首先使用 T 工具,选中需要修改的对象,然后再在右侧的"字幕属性"区域中进行设置。

下面将介绍改变特定的单字或字母的字体属性的方法,其操作如下。

Step 01 双击已经设置好的字幕,再次进入字幕窗口;

Step 02 使用 T 工具,选中需要更改的文字或者字母,这里选中"海"字。在右侧的"字幕属性"区域中,将"属性"下的"字体"设置为 HYBaiQiJ,"字体样式"设置为 Regular,"字体大小"设置为95;将"填充"区域下"填充类型"设置为"实色",将"填充"下的"颜色"RGB 值设置为6、169、253,勾选"光泽"复选框,将"光泽"下的"大小"设置为72,如图5.9所示。

除了使用"字体大小"来调整字幕的大小外,使用 ↖ 工具与 Shift 键可以很方便直观地改变文字尺寸,其操作如下。

Step 01 首先使用 ↖ 工具选中文字,然后将鼠标移到文本框四周的任何一个控制点上,直到鼠标变为双箭头。

Step 02 按住 Shift 键拖动鼠标,这样可以等比例地放大或缩小文字,直观地改变文字大小,如图5.10 所示。

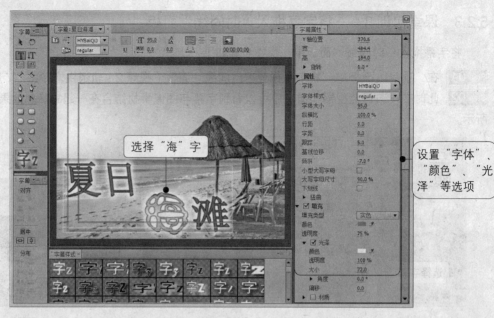

图 5.9　设置"海"字

图 5.10　鼠标调整字幕

5.3.2　课堂实训 5——改变文字的段落属性

1. 创建文字段落

创建文字段落的方法与创建文字的方法一样，其操作如下。

Step 01　在"项目"面板中导入"乡村.jpg"文件，并将素材拖至"时间线"面板"视频 1"轨道上，在"视频 1"轨道中的素材被选中的情况下，激活"特效控制台"面板，将"运动"区域下"缩放比例"设置为 128。按下 Ctrl+T 键新建字幕，在弹出的"新建字幕"窗口中为字幕命名，然后单击"确定"按钮。

Step 02　进入字幕窗口，为了观看文本段落的创建效果，单击字幕窗口上部的 按钮取消背景显示。

Step 03　选择 工具，在字幕编辑区域中拖动鼠标绘制一个文本框，然后在文本框中单击鼠标，插入光标并输入一段文本（如果字体不能完全显示出来，可以换一种字体，直到字体完全显示出来为止，如果字体过大，可以将字体大小缩小），如图 5.11 所示。

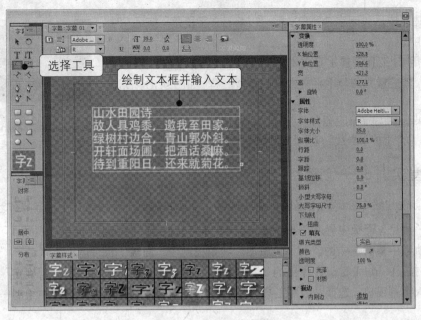

图 5.11　创建文本段落

2. 设置文字段落属性

文本段落属性的设置与文字属性的设置一样，单击字幕窗口上方的 ![按钮] 按钮，将视频轨道上的图像素材显示出来，进一步操作如下。

> **提示**
>
> 如果想在字幕窗口中显示视频轨道上的图像素材，必须使编辑标识线位于当前图像素材上。

Step 01 使用 ![工具] 工具在字幕编辑区域中选中文本框，在"字幕属性"区域中，将"属性"下的"字体"设置为 Adobe Heiti Std，"字体样式"为 R，将"字体大小"设置为 35，将"行距"设置为 1。

Step 02 将"填充"下的"颜色" RGB 值设置为 17、217、247，如图 5.12 所示。

图 5.12　设置文字段落属性

85

Step 03 创建完成后关闭字幕窗口，就可以将"文字段落"拖至"时间线"面板中了。

除了使用 ▦ 工具创建水平文本框外，还可以使用 ▦ 工具创建垂直文本框，其设置方法与水平文本框的设置一样，如图 5.13 所示。

> **提 示**
>
> 如果不想再重新创建垂直或水平文本框，可以选择"字幕" | "方向"命令下的"垂直"或"水平"进行转换。

图 5.13　创建垂直文本框

5.3.3　课堂实训 6——创建路径文字

在一些影视片段中会出现沿路径排列的文字，下面将制作一个路径文字，其操作步骤如下。

Step 01 在"项目"面板中导入"景.jpg"文件，并将其拖至"时间线"面板"视频 1"轨道上，在"视频 1"轨道中素材选中的情况下，激活"特效控制台"面板，将"运动"区域下"缩放比例"设置为 69，按下 Ctrl+T 键，在弹出的"新建字幕"窗口中为字幕命名，单击"确定"按钮。

Step 02 进入字幕窗口，选择"字幕工具"区域中的 ❦ 工具，在字幕编辑区域中绘制一个路径，如图 5.14 所示。

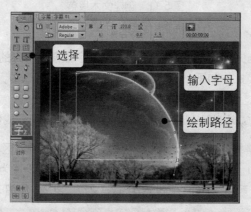

图 5.14　绘制路径

Step 03 再次使用 ❦ 工具在字幕编辑区域路径上单击鼠标，插入光标，输入 Premiere Pro 文本。在右侧的"字幕属性"区域中，将"字体大小"设置为 39，将"填充"下的"颜色"设置为白色，如图 5.15 所示。

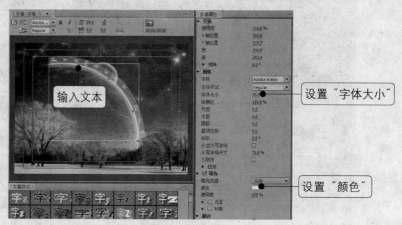

图 5.15　输入文字

在"字幕工具"区域中 ✎ 工具的使用方法与 ✎ 工具的使用方法一样，这里不再介绍，如图 5.16 所示。

图 5.16 垂直于路径

提 示

如果想对路径进行节点
的调整，可以使用 ▷ 工具。

5.4 创建简单的几何图形

在 Premiere 中除了可以创建文本外，还可以绘制图形，如矩形、椭圆等，并可对创建的图形对象进行编辑。

1. 使用形状工具创建图形

创建图形对象的具体操作步骤如下。

Step 01 在字幕窗口中，选择"字幕工具"栏中的 ◯ 工具。

Step 02 当鼠标在字幕编辑区域中变为 ✛ 形状时，拖动鼠标，创建图形，如图 5.17 所示。

提 示

使用工具绘制图形时，按住 Shift 键拖动鼠标可以绘制等比的图形，按住 Shift+Alt 快捷键可以以中心绘制一个等比图形。

在字幕编辑区域中创建的图形可以相互转换，使用 ▷ 工具，在字幕编辑区域中选择一个图形，在"字幕属性"区域中，选择"属性"下"图形类型"右侧的 ▼ 按钮，打开下拉列表，选择一种形状，当前选择的图形就会转换为列表中选择的图形，如图 5.18 所示。

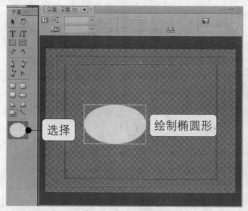

图 5.17 绘制椭圆形

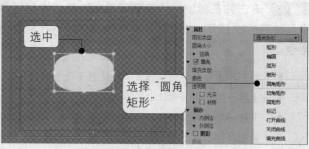

图 5.18 转换图形

2. 创建自由图形

选择 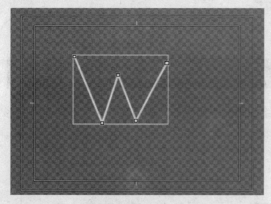工具，可以在字幕编辑区域中创建各种图形，还可以调整曲线上节点，并对路径的形状进行调整。使用工具可以创建封闭或开放式路径。

使用工具创建图形的具体操作如下。

Step 01 在"字幕工具"区域中选择工具。

Step 02 在字幕编辑区域中，当鼠标变为形状时，单击鼠标创建第一个节点，然后移动鼠标到其他位置，再创建第二个节点。

Step 03 在创建的过程中，可以直接创建曲线路径，这样可以减少路径上的节点，并减少后面对控制点的修改。创建节点后按住鼠标不放，然后拖动鼠标，这时会发现对节点的控制柄进行了调整，如图 5.19 所示，最后将鼠标放在开始点处，当鼠标变为形状时，单击鼠标可以创建一个封闭的路径，直接创建成的路径图形如图 5.20 所示。也可以将结束点与开始点分离，创建开放路径。

图 5.19　调整节点的控制柄

图 5.20　完成后路径图形

提　示

对于一个控制柄，可按住 Alt 键对使其进行更加复杂的调整。按住 Shift 键，可以使控制柄以垂直、水平或 45° 的角度移动。

在 Premiere Pro CS5 中可以通过 、 、 工具为路径添加、减少、调整节点。

绘制的自由图形也可以进行图形之间的转换，方法和上面一样。

3. 改变对象排列顺序

改变对象在窗口中的排列顺序，该操作的步骤如下。

Step 01 在字幕编辑区域中使用工具选择一个需要改变顺序的图形，如图 5.21 所示。

Step 02 右击并在弹出的快捷键菜单中选择"排列"命令，如图 5.22 所示，在弹出的下一级菜单中选择相应的命令：

- **放到最上层**：将当前选取的物体置于最上层。
- **上移一层**：将当前选取的物体向前提一层。
- **下移一层**：将当前选中的物体向后退一层。
- **放到最底层**：将当前选中的物体置于最后一层。

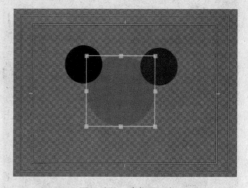

图 5.21　选择图形

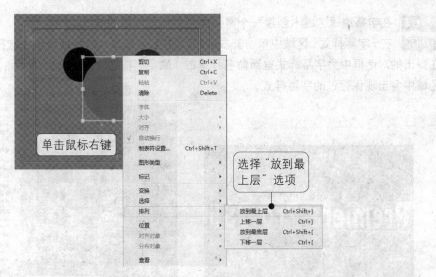

图 5.22　选择排列的位置

5.5　应用与创建字幕样式效果

为了提高字幕创建速度，在创建时可以使用"字幕样式"，也可以将自己设置的字幕样式进行保存，以便下次应用。

5.5.1　课堂实训 7——应用字幕样式

在设置字幕的属性时会很麻烦，因此在设置字幕时可以使用窗口下方的"字幕样式"，其操作如下。

Step 01　在字幕窗口中使用 T 工具在字幕编辑区域中创建文字，如图 5.23 所示。

Step 02　选中创建的文字，单击下方"字幕样式"区域中的一种样式（添加的"字幕样式如果太大，字幕显示不全，可以将"字体大小"缩小），如图 5.24 所示，此时当前文字会直接变为字幕样式。

图 5.23　创建字幕

图 5.24　选择一种"字幕样式"

5.5.2　课堂实训 8——创建样式效果

如果在制作过程中制作了一个不错的效果，可以将它保存下来以便于以后使用，新建字幕样式的操作如下。

Step 01 在字幕编辑区域中创建一个需要保存的样式，如图 5.25 所示。

Step 02 在"字幕样式"区域中单击其右侧的 按钮，在弹出的快捷菜单中选择"新建样式"命令，在弹出的对话框中为字幕样式重新命名，单击"确定"按钮，如图 5.26 所示，此时在"字幕样式"区域中会出现保存过的字幕样式。

图 5.25 设置好的字幕

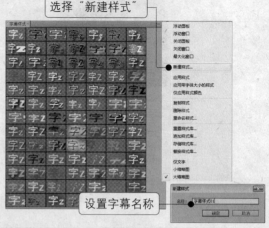

图 5.26 新建字幕样式

5.6 字幕模板排版

Premiere 中提供了大量的预设字幕模板，可以在使用时调用，也可以在预设模板上进行调整，以提高工作效率。

5.6.1 课堂实训 9——应用字幕模板

使用字幕模板的步骤如下。

Step 01 进入字幕窗口，单击字幕窗口上方的 按钮，打开"模板"对话框。

提 示

除了上面打开"模板"对话框的方法以外，还可以选择"字幕"|"模板"命令，也可以按下 Ctrl+J 键，打开"模板"对话框。

Step 02 在"模板"对话框中选择一种模板，并在对话框的右侧对当前选择的模板进行预览，如图 5.27 所示，单击"确定"按钮，如图 5.28 所示。

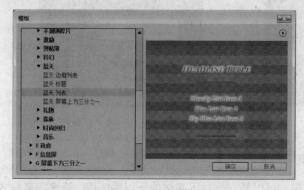

图 5.27 选择模板

图 5.28 应用模板后的效果

5.6.2 课堂实训 10——自定义字幕模板

如果制作了一个感觉不错的模板,可以将其保存,其操作如下。

Step 01 在字幕窗口中创建一个需要保存为字幕模板的字幕,如图 5.29 所示。

Step 02 打开"模板"对话框,单击对话框右侧的 ▶ 按钮,在弹出的下拉列表中选择"导入当前字幕为模板"命令,弹出"存储为"对话框,设置模板名称,单击"确定"按钮,如图 5.30 所示,在"模板"左侧的"用户模板"下会显示保存过的模板,关闭"模板"对话框。

图 5.29 需要保存的字幕模板

选择"导入当前字幕为模板"选项

设置"模板"名称

图 5.30 保存模板

5.7 制作滚动字幕

影视节目结束的时候,往往有一段滚动字幕显示演员表以及赞助单位等信息。在 Premiere Pro CS5 中,滚动字幕可以通过字幕窗口中的"滚动/游动选项"面板来制作。

滚动字幕的滚动方向有两种:水平方向和垂直方向。文本滚动的速度可以在"时间线"面板中通过指定字幕素材的播放时间来决定。如果一个原来需 10 秒播放的滚动字幕被改成 5 秒播放后,文本滚动速度将会加倍。

5.7.1 课堂实训 11——创建滚动字幕

Step 01 新建字幕,并对字幕进行命名。进入字幕窗口,在字幕编辑区域中直接输入文本,并设置它的"字幕属性",如图 5.31 所示。

Step 02 单击字幕窗口中的 ▤ 按钮,打开"滚动/游动选项"面板,然后在"字幕类型"中选择一个滚动的方向,如图 5.32 所示,在"时间(帧)"区域中,设置滚动的帧及时间,单击"确定"按钮,关闭"滚动/游动选项"面板,关闭"字幕"窗口。

图 5.31 创建文本

图 5.32 设置游动方向

91

5.7.2　课堂实训 12——向影片项目中添加滚动字幕

下面将制作好的滚动字幕拖至"时间线"面板中，其操作如下。

Step 01 将"山清水秀"素材导入到"项目"面板，将素材拖至时间线面板"视频 1"轨道中，在素材选中的情况下，激活"特效控制台"面板，将"运动"区域下"缩放比例"设置为 68。在"项目"面板中，将刚刚创建的滚动字幕拖至"时间线"面板的"视频 2"轨道上，如图 5.33 所示。

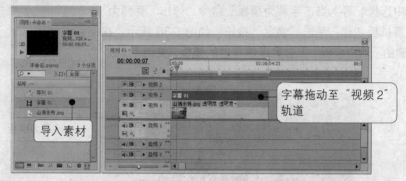

图 5.33　将滚动字幕拖至"时间线"面板中

Step 02 在"节目监视器"窗口中单击▶按钮，观看效果，如图 5.34 所示。

图 5.34　字幕滚动效果

> **提示**
>
> 上面所用到的视频素材仅供参考，读者自定义即可。

5.8　案例实训

通过上面对字幕窗口的了解，下面将通过制作关于静态、滚动的实例，使读者进一步掌握对字幕窗口的使用。

5.8.1　案例实训 1——沿路径弯曲的字幕

下面将通过制作沿路径弯曲的字幕对路径输入工具作进一步介绍，效果如图 5.35 所示。

图 5.35　沿路径弯曲的字幕

1. 导入并设置素材

Step 01　启动 Premiere Pro CS5 程序，单击"新建项目"按钮，新建一个项目文件，进入界面中。在"项目"面板中"名称"下的空白处双击鼠标左键，在打开的对话框中选择"素材\Cha05\书.jpg"文件，单击"打开"按钮，如图 5.36 所示。

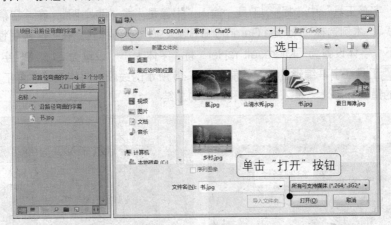

图 5.36　导入素材

Step 02　在"项目"面板中，将"书.jpg"文件拖至"时间线"面板"视频 1"轨道上，如图 5.37 所示。

图 5.37　将素材拖至"时间线"面板中

Step 03　确定"时间线"面板"视频 1"轨道中"书.jpg"被选中，激活"特效控制台"面板，在"运动"区域下将"缩放比例"设置为 32，如图 5.38 所示。

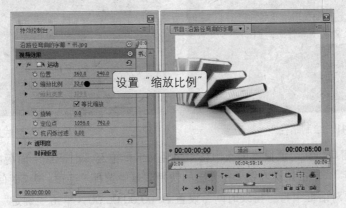

图 5.38　设置素材的"缩放比例"

2．创建字幕并导出

Step 01 　按下 Ctrl+T 键，在打开的对话框中将字幕命名为"路径文字"，单击"确定"按钮，进入字幕窗口。

Step 02 　选择"字幕工具"区域中的 按钮，使用 工具在字幕编辑区域，绘制如图 5.39 所示的线段。再次在"字幕工具"中选择 工具，输入"书籍是人类进步文明"，在"字幕样式"中选择一种"字幕样式"，本例选择"Adobe Garamond Black 90"字幕样式。在"字幕属性"区域中，将"属性"区域下"字体设置为"Microsoft YaHei"将"字体大小"设置为 21，将"字距"设置为 5。

Step 03 　使用 工具在字幕编辑区域，绘制如图 5.40 所示的线段，再次在"字幕工具"中选择 工具，输入"的重要标志之一是人类文化和经验的总结"。

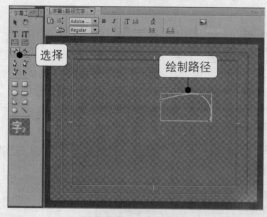
图 5.39　绘制线段

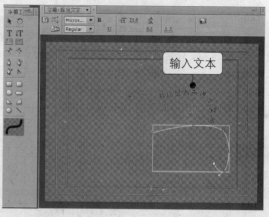
图 5.40　绘制线段

Step 04 　使用 工具在字幕编辑区域，绘制如图 5.41 所示的线段，再次在"字幕工具"中选择 工具，输入"知识就（输完"就"之后按空格键）是力量书籍是知识的海洋"。

Step 05 　使用 工具，在字幕编辑区域，绘制如图 5.42 所示的线段，再次在"字幕工具"中选择 工具，输入"书籍"。设置完成后使用 工具，全选，将其移动至右上角。

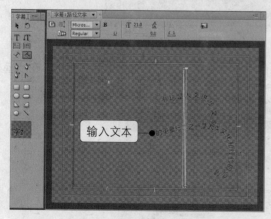
图 5.41　绘制路径

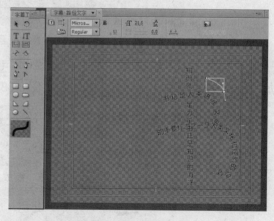
图 5.42　绘制线段

Step 06 　关闭字幕窗口，在"项目"面板中将"路径文字"拖至"时间线"面板中"视频 2"轨道上，选中"路径文字"，单击鼠标右键，在弹出的快捷菜单中选择"速度|持续时间"，在弹出的"素材速度|持续时间"对话框中将"持续时间"设置为 00:00:05:00，单击"确定"按钮，如图 5.43 所示，此时可以在"节目监视器"窗口中观看效果。

Step 07 选择"文件"|"导出"|"媒体"命令，在打开的"导出设置"对话框中设置"输出名称"，此时弹出"另存为"窗口，如图 5.44 所示。单击"保存"按钮，然后单击"导出"按钮，完成后将场景保存。

图 5.43 设置"持续时间"

图 5.44 设置输出名称

5.8.2 案例实训 2——带辉光效果的字幕

本例将通过"填充"下的"光泽"复选框，制作字幕的辉光效果，如图 5.45 所示。

图 5.45 辉光效果的字幕

1. 导入并设置素材

Step 01 启动 Premiere Pro CS5 程序，单击"新建项目"按钮，新建一个项目文件，进入界面中。在"项目"面板中"名称"下的空白处双击鼠标左键，在打开的对话框中选择"素材\ Cha05\辉光效果.jpg"文件，单击"打开"按钮，如图 5.46 所示。

Step 02 将"辉光效果.jpg"文件拖至"时间线"面板"视频 1"轨道中，将其选中，激活"特效控制台"面板，将"运动"区域下"缩放比例"设置为 42.5，如图 5.47 所示。

2. 创建字幕并导出

Step 01 按下 Ctrl+T 键，新建一个字幕，在打开的对话框中将字幕重新命名为"辉光字幕"，单击"确定"按钮。

Step 02 进入字幕窗口，使用 T 工具，在字幕编辑区域中输入"风尚前沿"，然后将这 4 个字选中。在"字幕属性"区域中，将"字体"设置为 FZHuPo-M04S，将"字体大小"设置为 105，将"字距"设置为 5，调整它们的位置，如图 5.48 所示。

图 5.46　导入素材

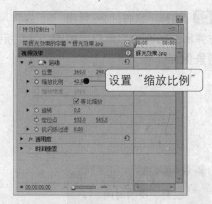

图 5.47　设置"缩放比例"

图 5.48　输入"风尚前沿"

Step 03　在字幕编辑区域选中"风尚前沿"，将"填充"下的"颜色"RGB 设置为 13、51、246，勾选"光泽"复选框，将"颜色"的 RGB 值设置为 5、172、251，将"大小"设置为 10；添加一处"内侧边"，将"填充类型"定义为"线性渐变"，将左侧的色标设置为白色，将右侧的色标 RGB 值设置为 66、40、225，如图 5.49 所示。

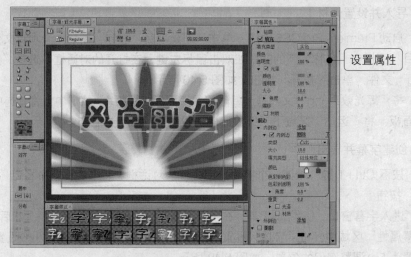

图 5.49　设置字幕属性

Step 04 在字幕编辑区域选中"风尚前沿"，添加一处"外侧边"，将"类型"定义为"凸出"，将"大小"设置为 20，将"颜色"的 RGB 值设置为 59、239、255，勾选"光泽"复选框，将"颜色"设置为白色，将"大小"设置为 100，如图 5.50 所示。

图 5.50 设置"外侧边"

Step 05 勾选"阴影"复选框，将"颜色"设置为白色，将"透明度"设置为 80%，将"角度"设置为 0°，将"距离"设置为 0，将"大小"设置为 30，"扩散"设置为 30，如图 5.51 所示。

图 5.51 设置"阴影"

Step 06 设置完成后，关闭字幕窗口，将"辉光字幕"拖至"时间线"面板"视频 2"轨道中。选中"辉光字幕"，单击鼠标右键，在弹出的快捷菜单中选择"速度|持续时间"，在弹出的"素材速度|持续时间"对话框中，将"持续时间"设置为 00:00:05:00，单击"确定"按钮。

Step 07 选择"文件"|"导出"|"媒体"命令，在打开的对话框中设置文件名，单击"保存"按钮，如图 5.52 所示。

Step 08 单击"导出"按钮，完成后，将场景进行保存。

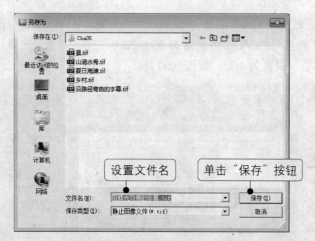

图 5.52 设置"输出名称"

5.8.3 案例实训 3——颜色渐变的字幕

本例将使用字幕的"填充类型",制作渐变效果的字幕,如图 5.53 所示。

1.导入并设置素材

`Step 01` 启动 Premiere Pro CS5 程序,单击"新建项目"按钮,新建一个项目文件,进入界面中。在"项目"面板中"名称"下的空白处双击鼠标左键,在打开的对话框中选择"素材\Cha05\颜色渐变.jpg"文件,单击"打开"按钮,如图 5.54 所示。

图 5.53 颜色渐变的字幕效果

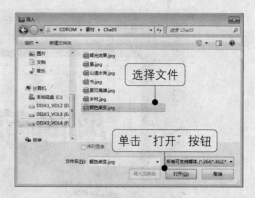

图 5.54 导入素材

`Step 02` 将"颜色渐变.jpg"文件拖至"时间线"面板"视频 1"轨道中,将其选中,激活"特效控制台"面板,取消"运动"区域下"等比缩放"复选框的勾选,将"缩放高度"设置为 105,将"缩放宽度"设置为 132,如图 5.55 所示,在"节目监视器"窗口中可以显示当前比例。

2.创建字幕并导出单帧

`Step 01` 按下 Ctrl+T 键,新建字幕,并将其命名为"渐变字幕",单击"确定"按钮,进入字幕窗口。

`Step 02` 使用 T 工具,在字幕编辑区域中输入"春意盎然",在"字幕属性"区域中将"属性"下的"字体"定义为 FZHuPo-M04S,将"字体大小"设置为 105;将"填充"下的"填充类型"定义为"线性渐变",将"颜色"左侧色标的 RGB 值设置为 252、203、246,将右侧色标的 RGB 值设置为 235、74、209,如图 5.56 所示。

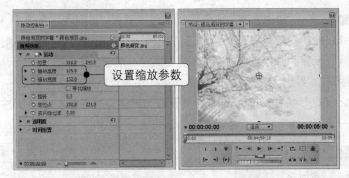

图 5.55　设置参数

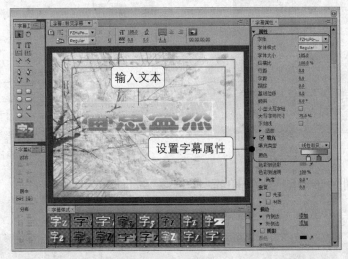

图 5.56　创建字幕

Step 03 添加一处"内侧边"，将"类型"定义为"凸出"，将"填充类型"定义为"线性渐变"，将"色彩"左侧的色标 RGB 值设置为 221、78、230，将右侧色标 RGB 值设置为 238、165、237；添加一处"外侧边"，将"类型"定义为"凸出"，将"大小"设置为 15，"填充类型"定义为"线性渐变"，将"色彩"左侧的色标 RGB 值设置为 221、78、230，将右侧色标 RGB 值设置为 253、114、248，如图 5.57 所示。

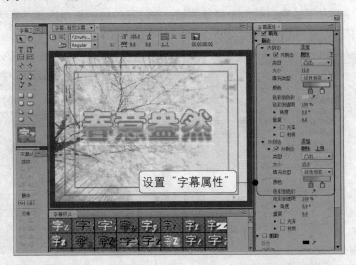

图 5.57　设置内、外侧边

Step **04** 　关闭字幕窗口，将"渐变字幕"拖至"时间线"面板"视频 2"轨道中，选中"渐变字幕"，单击鼠标右键，在弹出的快捷菜单中选择"速度|持续时间"，在弹出的"素材速度|持续时间"对话框中，将"持续时间"设置为 00:00:05:00，单击"确定"按钮，如图 5.58 所示。

Step **05** 　选择"文件"|"导出"|"媒体"命令，在打开的对话框中设置文件名，弹出如图 5.59 所示的对话框，单击"保存"按钮，返回到"导出设置"对话框，单击"导出"按钮，完成后景将场景保存。

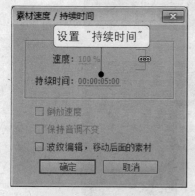

图 5.58　设置"持续时间"

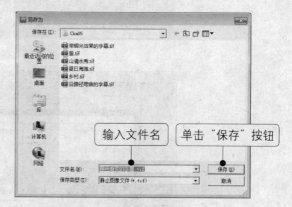

图 5.59　设置"输出名称"

5.8.4　案例实训 4——动态字幕的制作：逐字打出的字幕

下面将介绍逐字打出的字幕，其效果如图 5.60 所示。

图 5.60　逐字打出的字幕效果

Step **01** 　启动 Premiere Pro CS5 程序，单击"新建项目"按钮，新建一个项目文件，进入界面。在"项目"面板中"名称"下的空白处双击鼠标左键，在打开的对话框中选择"素材\Cha05\梅花.jpg"文件，单击"打开"按钮，如图 5.61 所示。

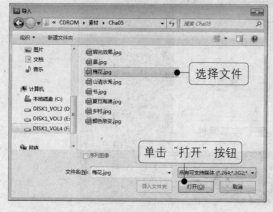

图 5.61　导入素材

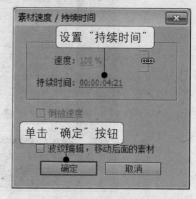

图 5.62　设置持续时间

Step 02 在"项目"面板中，将"梅花.jpg"文件拖至"时间线"面板中"视频 1"轨道上，将其选中，单击鼠标右键，在弹出的快捷菜单中选择"速度|持续时间"，打开"素材速度|持续时间"对话框，将"持续时间"设置为 00:00:04:21，单击"确定"按钮，如图 5.62 所示。

Step 03 在"时间线"面板中选择"视频 1"轨道中的素材，激活"特效控制台"面板，将"运动"区域下"缩放比例"设置为 68，如图 5.63 所示。

图 5.63 设置缩放比例   图 5.64 为字幕命名

Step 04 按"Ctrl+T"键新建字幕，将字幕名称设置为"俏不争春"，单击"确定"按钮，如图 5.64 所示。

Step 05 在打开的字幕窗口中，选择"字幕工具"窗口中的 T 工具，在字幕编辑区域中输入"俏不争春"，在"字幕属性"窗口中，将"属性"选项组中的"字体"设置为 Microsoft YaHei，将"字体大小"设置为 86，并调整其位置，如图 5.65 所示。

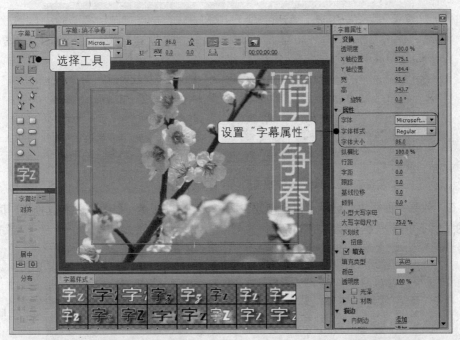

图 5.65 设置字幕

Step 06 在"填充"选项组中将"颜色"RGB 值设置为 255、0、222，勾选"阴影"复选框，将"颜色"RGB 值设置为 12、0、255，将"透明度"、"角度"、"距离"、"大小"和"扩散"的值分别设置为 80%、-200、11、0 和 33，如图 5.66 所示。

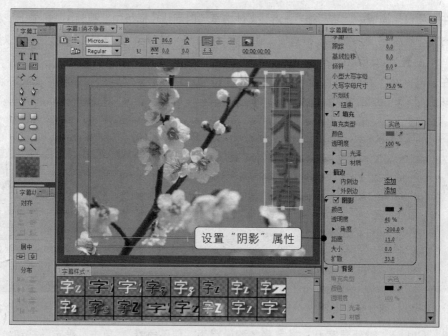

图 5.66　设置字幕

Step 07　关闭字幕窗口，在"项目"面板中将"俏不争春"文件拖至"时间线"面板"视频 2"轨道中。选中"俏不争春"，单击鼠标右键，在弹出的快捷菜单中选择"速度|持续时间"命令，在弹出的"素材速度|持续时间"对话框中，将"持续时间"设置为 00:00:04:21，如图 5.67 所示。

图 5.67　设置持续时间

Step 08　在"效果"面板中，选择"视频特效"|"变换"|"裁剪"特效，并将其拖至"时间线"面板中的"俏不争春"上，如图 5.68 所示。

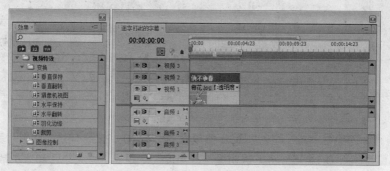

图 5.68　拖入效果

Step 09 切换到"特效控制台"面板，单击"裁剪"选项组中"底部"左侧的"切换动画"按钮，将"底部"值设置为98%，如图5.69所示。

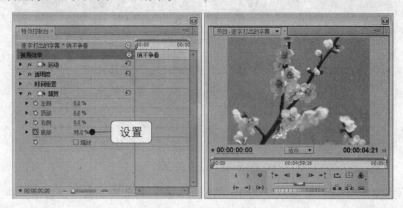

图5.69 设置关键帧

Step 10 将时间编辑标识线移至 00:00:00:21 的位置，在"特效控制台"面板中，将"底部"值设置为88%，如图5.70所示。

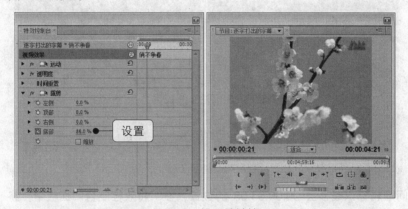

图5.70 设置关键帧

Step 11 将时间编辑标识线移至 00:00:01:11 的位置，在"特效控制台"面板中，将"底部"值设置为73%，如图5.71所示。

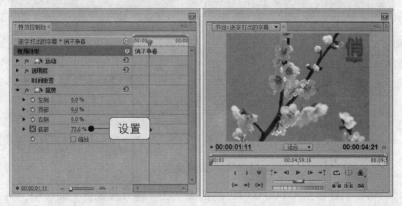

图5.71 设置关键帧

Step 12 将时间编辑标识线移至 00:00:02:01 的位置，在"特效控制台"面板中，将"底部"值设置为59%，如图5.72所示。

图 5.72　设置关键帧

Step **13**　将时间编辑标识线移至 00:00:02:15 的位置，在 "特效控制台" 面板中，将 "底部" 值设置为 45%，如图 5.73 所示。

图 5.73　设置关键帧

Step **14**　将时间编辑标识线移至 00:00:03:05 的位置，在 "特效控制台" 面板中，将 "底部" 值设置为 31%，如图 5.74 所示。

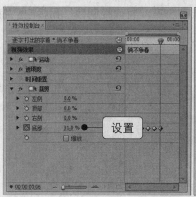

图 5.74　设置关键帧

Step **15**　将时间编辑标识线移至 00:00:03:19 的位置，在 "特效控制台" 面板中，将 "底部" 值设置为 17%，如图 5.75 所示。

Step **16**　设置完成后，选择 "文件" | "导出" | "媒体" 命令，在 "导出设置" 选项组中，将 "格式" 设置为 Microsoft AVI，并设置文件名。取消勾选 "导出音频" 复选框，单击 "导出" 按钮，将

效果导出，完成后将场景进行保存。

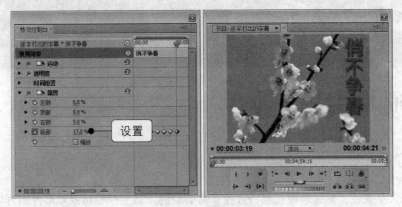

图 5.75　设置关键帧

5.9　课后练习

(1) 使用_____工具，可以对文本框进行调节。

(2) 如果想对路径进行节点的调整，可以使用_____工具。

(3) 按_____键可以打开"模板"对话框。

第**6**章

对视频应用特效

本章导读

对剪辑人员来说，熟练掌握视频特效是非常必要的。其中视频特效对影片的好坏起着决定性的作用。Premiere Pro CS5 提供了大量精彩的视频特效，巧妙利用这些特效可以使影片具有很强的视觉感染力。

知识要点

☆ 关键帧的设置
☆ 快速添加视频特效

☆ 特效效果的应用
☆ 使用视频特效制作实例

6.1 关键帧与视频特效

如果想使效果随时间而改变，可以将时间编辑标识线移至一个时间处，创建一个特效属性关键帧。对于大多数的特效，都可以在素材持续时间范围内设置关键帧。对于固定的参数，例如位置、缩放比例、旋转等，也可以设置关键帧，使素材产生相应的动画。关键帧可以进行复制、粘贴、移动。

> **提 示**
> 一个视频片段的起始帧和结束帧都是默认的关键帧。

视频特效通过处理视频素材中的像素来实现各种特定的效果。每一种视频特效都有多个可以设置的参数，通过对关键帧设置参数可以改变视频片段的效果。

如图 6.1 所示的是没有经过视频特效处理的素材。对这个素材应用"偏移"视频特效，对"偏移"特效设置参数值，就可以得到如图 6.2 所示的效果。

图 6.1　正常的画面

图 6.2　添加了"偏移"的画面

在应用视频特效时，在"特效控制台"面板中设置视频特效参数，从而在片段中达到连续流畅的播放效果。不需要为素材的每一帧都设置参数，只要在素材中挑选几个帧出来作为关键帧，并且设置参数，就可以达到整体的特效效果，如图 6.3 所示。

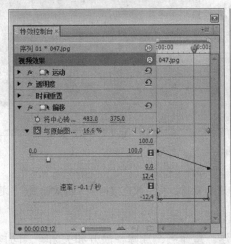

图 6.3　设置后其中的一帧画面

6.2　快速添加视频特效

在 Premiere Pro CS5 中，可以对视频轨道上任何视频素材文件使用特效，也可以对一个素材文件使用多个视频特效。

6.2.1　课堂实训 1——添加视频特效

添加视频特效的操作步骤如下。

Step 01　在"项目"面板中导入素材文件，并将其拖至"时间线"面板的"视频 1"轨道上，在"节目监视器"窗口中显示，如图 6.4 所示。

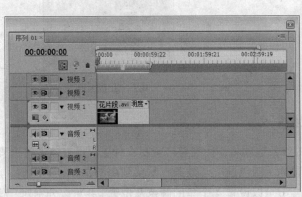

图 6.4　导入并拖入素材

Step 02　然后激活"效果"面板，选择"视频特效"|"生成"|"四色渐变"特效，并将其拖至"时间线"面板视频轨道中的素材文件上，如图 6.5 所示。

在"效果"面板中，"视频特效"与"视频切换效果"的放置相似，都是根据效果进行归类的。

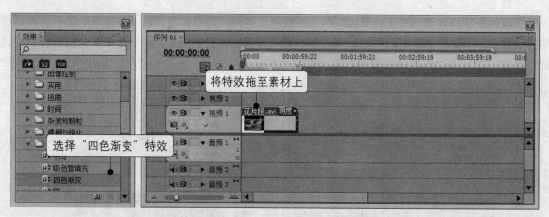

图 6.5　添加"四色渐变"特效

在添加视频特效时，可以在"时间线"面板中选中素材，将特效直接拖至"特效控制台"面板中进行编辑。

"效果"面板具有文件夹的管理功能，例如新建、重命名、删除、展开和关闭等，同样有效果查找功能。

在"效果"面板中单击底部的 按钮，可以新建一个"自定义文件夹 01"，对其双击可以重新命名，如图 6.6 所示。

在面板中上部的查找文本框中，输入想查找的特效或切换效果，有关效果就可以在面板中显示出来，例如输入"棋盘"，如图 6.7 所示，此时在面板中列出与"棋盘"相关的特效或切换效果。

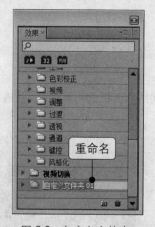

图 6.6　自定义文件夹

图 6.7　查找"棋盘"

6.2.2　设置第一帧/整个片段的视频特效

在"特效控制台"面板中进行设置的参数选项将作用在整个素材文件上。也就是说整个素材文件画面都将添加一个特效，例如上面设置的"四色渐变"效果，从头到尾都是。

在"四色渐变"区域中"位置和颜色"下可以设置 4 个角的颜色及位置，并可以分别对"混合"、"抖动"、"透明度"、"混合模式"进行设置。

此时在"节目监视器"窗口中显示的画面比较暗，在"特效控制台"面板中将"混合模式"定义为"添加"选项，如图 6.8 所示。

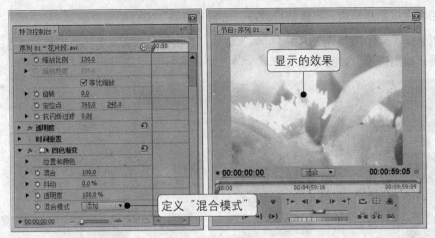

图 6.8　定义"混合模式"

6.2.3　课堂实训 2——设置动态的视频特效

在"特效控制台"面板、"时间线"面板中，通过设置关键帧，可以得到动态的视频特效效果。例如在对素材进行播放时，4 个渐变颜色可以旋转移动，其具体操作如下。

Step 01　接着上面添加的"四色渐变"特效的素材进行设置，选择素材文件，激活"特效控制台"面板，在"四色渐变"区域中，展开"位置和颜色"，显示出如图 6.9 所示四个颜色的位置。

Step 02　分别单击"位置 1"、"位置 2"、"位置 3"、"位置 4"左侧的🔘按钮，打开动画关键帧的记录，添加第一处关键帧，如图 6.10 所示。

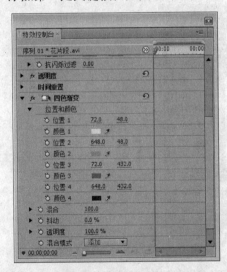

图 6.9　显示四个颜色的位置

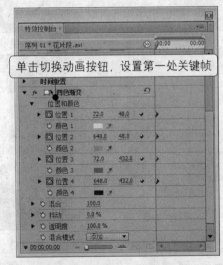

图 6.10　设置第一处关键帧

Step 03　在"时间线"面板中将时间编辑标识线移至 00:00:30:00 的位置处，激活"特效控制台"面板，设置"位置和颜色"下 4 个颜色的位置，如图 6.11 所示。

提 示

在"特效控制台"面板中选中"四色渐变"，此时在"节目监视器"窗口中的四角出现调整图标，可以将它拖动记录关键帧。

Step 04　这时已经完成了动态特效效果的设置。切换到"时间线"面板中，按下键盘上的回车键，保存项目后将生成影片预览，稍候就可以在"节目监视器"窗口中预览影片了。

也可以选择"文件"|"导出"|"媒体"命令，直接输出成 AVI 格式的视频。输出时出现进度对话框，提示输出进度，如图 6.12 所示。

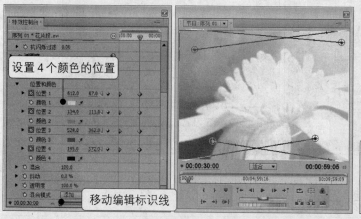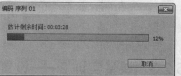

图 6.11　设置 4 个颜色的位置　　　　　　　　　　　图 6.12　输出进度

6.2.4　课堂实训 3——添加"棋盘"特效

添加视频特效效果后，如果需要删除特效效果，就应先激活"特效控制台"面板，选中需要删除的效果，然后单击鼠标右键，在弹出的快捷菜单中选择"清除"命令，如图 6.13 所示。也可以直接按键盘上的 Delete 键进行删除。

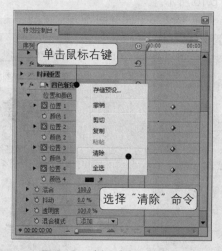

图 6.13　选择"清除"命令

下面将为一张图像素材添加"棋盘"特效，并为其添加关键帧产生动态效果，如图 6.14 所示，其操作步骤如下。

图 6.14　"棋盘"动态效果

1. 导入并设置素材文件

Step 01 启动 Premiere Pro CS5 程序，单击"新建项目"按钮，新建一个项目文件，进入界面。在"项目"面板中"名称"下的空白处双击鼠标左键，在打开的对话框中选择"素材\Cha06\FJ01.jpg"文件，单击"打开"按钮，如图 6.15 所示。

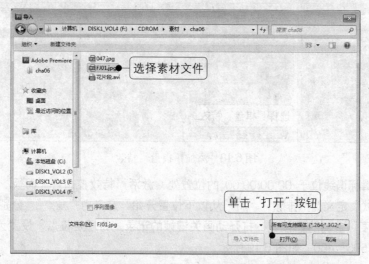

图 6.15 导入素材

Step 02 在"项目"面板中，将"FJ01.jpg"拖至"时间线"面板"视频 1"轨道中，如图 6.16 所示。

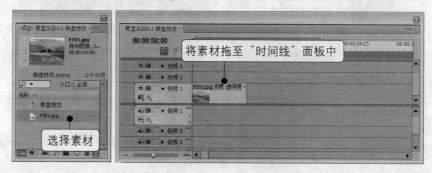

图 6.16 素材拖至"时间线"面板

Step 03 选中"FJ01.jpg"文件，激活"特效控制台"面板，将"运动"下的"缩放比例"设置为65，在"节目监视器"中显示的效果，如图 6.17 所示。

图 6.17 设置缩放比例

2. 添加视频特效

Step 01 为 "FJ01.jpg" 文件添加特效，激活 "效果" 面板，选择 "视频特效" | "生成" | "棋盘" 特效，将其拖至 "时间线" 面板 "视频 1" 轨道中的 "FJ01.jpg" 文件上，如图 6.18 所示。

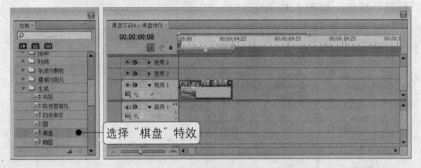

图 6.18　添加 "棋盘" 特效

Step 02 确定编辑标识线位于 00:00:00:00 的位置处，激活 "特效控制台" 面板，在 "棋盘" 区域下，将 "混合模式" 定义为 "排除"，将 "从以下位置开始" 定义为 "角点"，分别单击 "定位点"、"边角"、"透明度" 左侧的 按钮，打开动画关键帧的记录。将 "定位点" 设置为 508、379，将 "边角" 设置为 596、460，如图 6.19 所示。

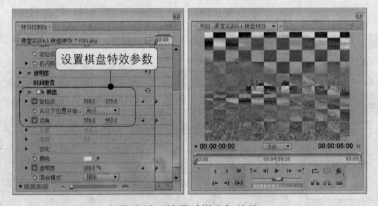

图 6.19　设置 "棋盘" 特效

Step 03 将时间编辑标识线移至 00:00:04:10 的位置，激活 "特效控制台" 面板，将 "定位点" 设置为 220、149，将 "边角" 设置为 520、405，"透明度" 设置为 0%，添加第二处关键帧，如图 6.20 所示。

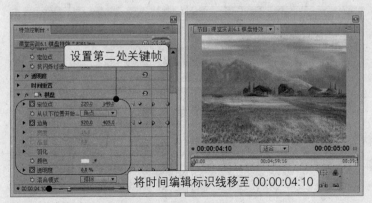

图 6.20　设置第二处关键帧

3. 导出视频文件

Step 01 激活"时间线"面板。选择"文件"|"导出"|"媒体"命令,打开"导出设置"对话框,设置导出格式为 Microsoft AVI,单击"输出名称"右侧,在打开的对话框中设置文件名和文件保存路径,单击"保存"按钮,如图 6.21 所示。

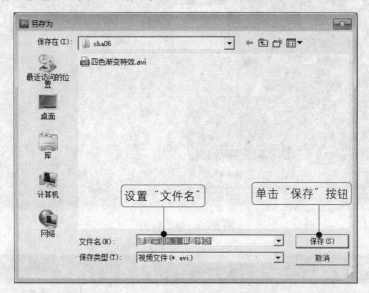

图 6.21　设置文件名及保存路径

Step 02 进入"视频"选项卡,将"视频编解码器"定义为 Microsoft Video 1,将"品质"设置为100,将"场类型"设置为逐行,如图 6.22 所示。

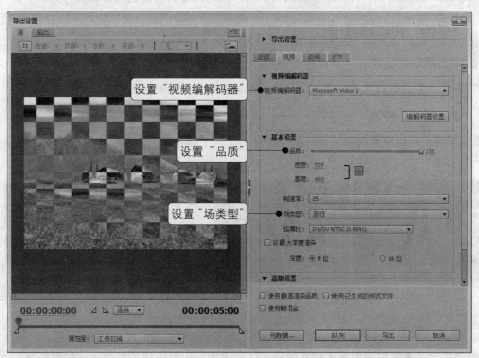

图 6.22　设置"视频"选项

Step 03 设置完成后,单击"导出"按钮,对视频进行渲染输出,如图 6.23 所示。

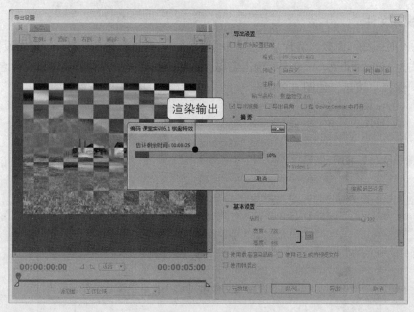

图 6.23　渲染输出

6.3　视频特效

　　Premiere Pro CS5 提供了多达 126 种视频特效，本节将介绍一些常见的视频特效，帮助用户掌握常用视频特效的操作技巧。

　　和"视频切换效果"一样，这里也按照视频效果的特性对特效进行分配文件夹。

6.3.1　"变换"视频特效组

1. "垂直翻转"特效

该特效是一个无参数特效，添加该特效后图像将产生垂直的翻转效果，如图 6.24 所示。

2. "垂直保持"特效

"垂直保持"可以使素材在持续时间范围内不断向上翻卷，可以制作电视滚动台的效果，如图 6.25 所示。

图 6.24　"垂直翻转"效果　　　　　　　图 6.25　"垂直保持"效果

3. "摄像机视图"特效

该特效包含了本文件夹中最多样式的镜头转换效果，因而设置的参数也比较复杂。

添加"摄像机视频"特效后，进入"摄像机视图设置"对话框设置该特效的参数，如图 6.26 所示。

- **经度**：用来沿着 Y 轴水平旋转画面，旋转轴在中部。
- **纬度**：用来沿着 X 轴垂直旋转画面，旋转轴在中部。
- **垂直滚动**：沿着 Z 轴旋转画面。
- **焦距**：设置镜头焦距。
- **距离**：用来设置镜头和景物之间的距离。
- **缩放**：用来缩放画面。
- **填充颜色**：用来设置画面空白部分的填充颜色。

4. "水平翻转"特效

该特效与"垂直翻转"特效相似，也是一个无参数的特效，添加该特效后图像将产生水平的翻转效果，如图 6.27 所示。

图 6.26 "摄像机视图"效果　　　　　　　　图 6.27 "水平翻转"效果

5. "裁剪"特效

"裁剪"特效可以将素材边缘的像素剪掉，并可以自动将修剪过的素材尺寸变到原始尺寸。使用滑块控制可以对单独的素材边缘进行修剪，其参数设置面板如图 6.28 所示，应用后的效果如图 6.29 所示。

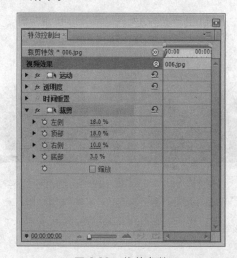

图 6.28 裁剪参数　　　　　　　　　图 6.29 "裁剪"效果

- **左侧、顶部、右侧、底部**：可以分别对这四个方向进行裁剪。

6. "羽化边缘"特效

"羽化边缘"用于对素材片段的边缘进行羽化，它的参数设置面板如图 6.30 所示，设置后的效果如图 6.31 所示。

- **数量**：设置该参数可以设置羽化的程度。

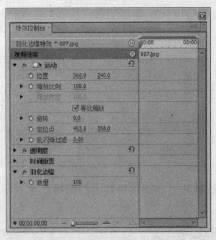

图 6.30 "羽化边缘"参数面板　　　　图 6.31 "羽化边缘"效果

6.3.2 "杂波与颗粒"视频特效组

1. "中值"特效

"中值"特效是使用指定半径内相邻像素的中间像素值替换像素。使用低的值，这个效果可以降低噪波；如果使用高的值，可以将素材处理成一幅美术作品。其参数设置面板如图 6.32 所示，设置后的效果如图 6.33 所示。

图 6.32 "中值"参数面板　　　　图 6.33 "中值"效果

- **半径**：指定使用中间值效果的像素数量。
- **在 Alpha 通道上操作**：对素材的 Alpha 通道应用该效果。

2. "杂波"特效

"杂波"特效是将未受影响的素材中像素中心的颜色赋予每一个分片，其余的分片将被赋予未受影响的素材中相应范围的平均颜色。"杂波"参数设置面板如图 6.34 所示，设置后的效果如图 6.35所示。

3. "杂波 HLS"特效

该特效可为指定的色度、明度和饱和度添加杂波，并可调整杂波的尺寸和相位，其参数面板如图 6.36 所示，设置"杂波 HLS"特效后的效果如图 6.37 所示。

图 6.34　"杂波"特效参数面板

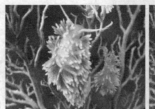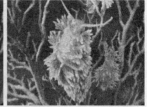

图 6.35　"杂波"效果

图 6.36　"杂波 HLS"特效参数面板

图 6.37　"杂波 HLS"效果

- **杂波：**设置杂波类型，可选择统一、方形、颗粒。
- **色相/明度/饱和度：**分别用于设置杂波的色相、明度和饱和度的范围。
- **颗粒大小：**当"杂波"设置为"颗粒"时，该值有效，用于设置杂波颗粒的大小。
- **杂波相位：**用于设置杂波相位的值。

6.3.3　"图像控制"视频特效组

1．"灰度系数（Gamma）校正"特效

"灰度系数（Gamma）校正"特效改变图像中间色的灰度级，有 1~28 的参数可调节范围，可用于加亮或减淡图像颜色，效果如图 6.38 所示。

图 6.38　"灰度系数（Gamma）校正"效果

2. "色彩平衡（RGB）"特效

"色彩平衡（RGB）"特效以 RGB 颜色模式调节素材的颜色，达到色彩的平衡，在"效果控制"面板中的参数调整如图 6.39 所示，调整后效果如图 6.40 所示。

图 6.39　调整"色彩平衡（RGB）"

图 6.40　调整图像前后的对比

3. "黑白"特效

该特效用来将彩色片段的画面变成黑白片段，转化原理很简单：将彩色画面转变成灰度图像，不同深度的颜色呈现出不同的灰度，如图 6.41 所示。

图 6.41　"黑白"效果

6.3.4　"实用"视频特效组

在该文件夹中只有"Cineon 转换"一个视频特效，其参数设置面板如图 6.42 所示，设置后的效果如图 6.43 所示。

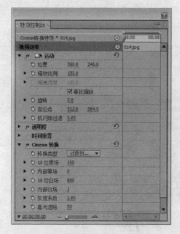

图 6.42　"Cineon 转换"参数面板

图 6.43　设置后的效果

"Cineon 转换"提供一个高度数的 Cineon 图像的颜色转换器，其参数设置如下：

- **转换类型**：指定 Cineon 文件如何被转换。
- **10 位黑场**：为转换为 10 位对数的 Cineon 层指定黑点(最小密度)。
- **内部黑场**：指定黑点在层中如何使用。
- **10 位白场**：为转换为 10 位对数的 Cineon 层指定白点(最大密度)。
- **内部白场**：指定白点在层中如何使用。
- **灰度系数**：指定中间色调值。
- **高光滤除**：指定输出值校正高亮区域的亮度。

6.3.5 "扭曲"视频特效组

1. "偏移"特效

"偏移"将原来的图片进行偏移复制，如图 6.44 所示，并通过"与原始图像混合"显示图片上的图像。

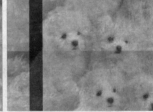

图 6.44   "偏移"效果

2. "弯曲"特效

"弯曲"可以使素材产生一个波浪沿素材水平和垂直方向移动的变形效果，可以根据不同的宽度和速率产生多个不同的波浪形状，"弯曲特效"参数如图 6.45 所示，设置后的效果如图 6.46 所示。

图 6.45   "弯曲特效"参数   图 6.46   弯曲效果

3. "放大"特效

"放大"可以使图像局部呈圆形或方形放大，也可以将放大的部分进行"羽化"、"透明"等设置，如图 6.47 所示，其效果如图 6.48 所示。

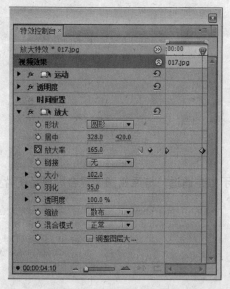

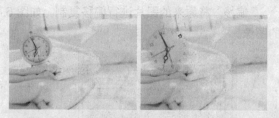

图 6.47 "放大"参数面板　　　　　　　　　图 6.48 设置后的效果

4. "边角固定"特效

"边角固定"是通过改变一个图像的四个顶点的位置而使图像产生变形。比如伸展、收缩、歪斜和扭曲。模拟透视或者模仿支点在图层一边的运动，如图 6.49 所示。

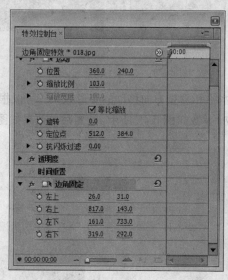

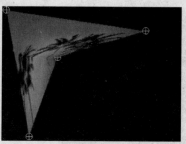

图 6.49 "边角固定"特效

5. "镜像"特效

"镜像"可以在垂直或者水平方向上生成片段的镜像，就像放置了一面镜子一样。镜像特效的添加方法和其他特效一样。如图 6.50 所示的参数面板中设置了镜像的中心位置、反射角度，设置后的效果如图 6.51 所示。

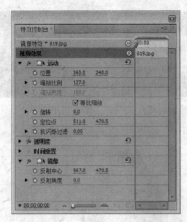

图 6.50 镜像参数面板

图 6.51 镜像前与镜像后的效果

6.3.6 "时间"视频特效组

在"时间"视频特效组中包含"抽帧"、"重影"两个特效，其中"重影"特效是比较常用的，下面对其进行介绍。

"重影"特效可以混合一个素材中很多不同的时间帧，它的用处很多。下面将使用这个特效制作一个动作上的重影效果，如图 6.52 所示。

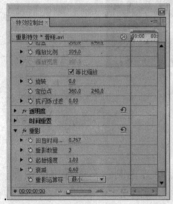

图 6.52 "重影"效果

6.3.7 "模糊与锐化"视频特效组

1. "摄像机模糊"特效

"摄像机模糊"用于模仿在相机焦距之外的图像的模糊效果，设置后的效果如图 6.53 所示。

2. "方向模糊"特效

"方向模糊"特效可在设置模糊效果的基础上调整模糊方向，使画面具有动感，效果如图 6.54 所示。

3. "混合模糊"特效

"混合模糊"特效对图像进行混合模糊，为素材增加全面的模糊，可以产生带图案的磨砂玻璃效果，如图 6.55 所示。

图 6.53　"摄影机模糊"效果　　　　　图 6.54　"方向模糊"效果

图 6.55　"混合模糊"效果

4. "高斯模糊"特效

将"高斯模糊"特效添加到需要施加"高斯模糊"特效的图像素材上，能够模糊和柔化图像并能消除杂波，可以指定模糊的方向为水平、垂直或水平垂直，如图 6.56 所示。

图 6.56　"高斯模糊"效果

6.3.8　"生成"视频特效组

1. "四色渐变"特效

"四色渐变"可以使图像产生 4 种混合渐变颜色，通过在"特效控制台"面板中的设置，其效果如图 6.57 所示。

图 6.57　"四色渐变"效果

2. "椭圆"特效

"椭圆"特效可在图像上生成光环效果，并可设置光环的大小、厚度及颜色，其参数面板如

图 6.58 所示，使用"椭圆"特效创建的效果如图 6.59 所示。

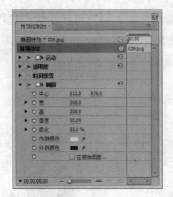

图 6.58 "椭圆"特效参数面板

图 6.59 "椭圆"效果

3. "网格"特效

"网格"可创造一组可任意改变的网格，可以为网格的边缘调节大小和进行羽化，或作为一个可调节透明度的蒙版用于源素材上。此特效有利于设计图案，还有其他的实用效果，如图 6.60 所示。

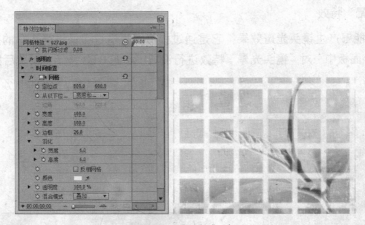

图 6.60 "网格"效果

4. "油漆桶"特效

"油漆桶"是将一种纯色填充到一个区域，它很像 Adobe Photoshop 里的油漆桶工具。在一个图像上使用油漆桶工具可将一个区域的颜色替换为其他颜色，如图 6.61 所示。

图 6.61 "油漆桶"效果

5. "蜂巢图案"特效

"蜂巢图案"在杂波的基础上可产生蜂巢的图案。使用"蜂巢图案"特效可产生静态或移动的背景纹理和图案，可用于做原素材的替换图片，效果如图 6.62 所示。

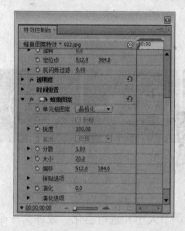

图 6.62 "蜂巢图案"效果

6. "镜头光晕"特效

"镜头光晕"能够产生镜头光斑效果，它是通过模拟亮光透过摄像机镜头时的折射而产生的，在"特效控制台"面板中，对"镜头光晕"特效进行设置，如图 6.63 所示，设置后的效果如图 6.64 所示。

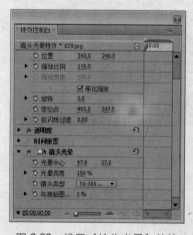

图 6.63 设置"镜头光晕"特效

图 6.64 镜头光晕效果

7. "闪电"特效

"闪电"特效用于产生闪电和其他类似放电的效果，不用关键帧就可以自动产生动画，如图 6.65 所示，它可以用于一些影片闪电的制作。

图 6.65 "闪电"特效效果

6.3.9 "色彩校正"视频特效组

1. "RGB 曲线"特效

"RGB 曲线"特效通过在颜色曲线修改器中分别对主体及 R、G、B 颜色曲线的调节来调整颜色。在每一条颜色曲线上最多可设置 16 个调节点,用来对图像颜色进行调节,也可以指定颜色通过"辅助色彩校正"来调整混合色的范围。在"特效控制台"面板中,勾选"输出"区域下的"显示拆分视图"复选框,如图 6.66 所示,可以在同一个画面上进行调整前与调整后的对比,如图 6.67 所示。

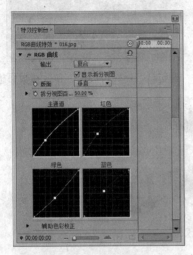

图 6.66 调整"RGB 曲线"特效

图 6.67 调整前后的图像对比

2. "亮度与对比度"特效

"亮度与对比度"主要调整素材的亮度和颜色之间的对比度,设置前后的效果如图 6.68 所示。

3. "更改颜色"特效

"更改颜色"通过在析取的素材色彩范围内调整色相、亮度和饱和度来改变色彩范围内的颜色,设置前、后的对比效果如图 6.69 所示。

图 6.68 "亮度与对比度"特效

图 6.69 使用"更改颜色"特效的前后对比

4. "染色"特效

"染色"特效通过为图像中的黑色与白色像素指定色彩来达到着色的效果,如图 6.70 所示为使用"染色"特效前后的效果对比。

5. "转换颜色"特效

"转换颜色"特效指定图像中的某一色彩,然后通过设置色相、饱和度和亮度的更改方式,将色彩转换为设置的颜色。"转换颜色"特效的参数面板如图 6.71 所示,效果如图 6.72 所示。

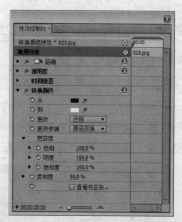

图 6.70 "染色"特效效果 　　　　　　　　图 6.71 "转换颜色"特效参数面板

图 6.72 "转换颜色"特效效果

6.3.10 "视频"视频特效组

"时间码"用来显示当前视频素材的播放时间, 如图 6.73 所示的时间码为当前视频播放的时间。

图 6.73 添加"时间码"后的效果

6.3.11 "调节"视频特效组

1. "提取"特效

"提取"可从素材片段中析取颜色, 然后通过设置灰色的范围控制影像的显示。单击面板中"提取"右侧的➡图按钮, 弹出"提取设置"对话框, 如图 6.74 所示, 其参数如下。

- **输入范围**: 在对话框中的柱状图用于显示在当前画面中每个亮度值上的像素数目。拖动其下的两个滑块, 可以设置将被转为白色或黑色的像素范围。
- **柔化**: 拖动"柔化"滑块在被转换为白色的像素中加入灰色。
- **反转**: 选中"反转"选项可以反转图像效果。

设置前后的效果如图 6.75 所示。

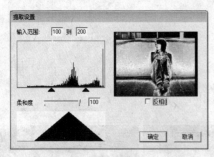

图 6.74　"提取设置"对话框

图 6.75　设置前后的效果

2. "照明效果"特效

"照明效果"特效可以在一个素材上同时添加 5 个灯光特效，并可以调节它们的属性，包括：灯光类型、照明颜色、中心、主要半径、次要半径、角度、强度、聚焦。还可以控制表面光泽和表面材质，也可引用其他视频片段的光泽和材质，效果如图 6.76 所示。

图 6.76　"照明效果"特效效果

3. "色阶"特效

"色阶"可以分别调整影视素材的亮度、对比度，其参数面板如图 6.77 所示。设置前后的效果如图 6.78 所示。

图 6.77　设置"调色"特效

图 6.78　设置前后的效果

4. "阴影高光"特效

"阴影高光"特效可分别对图像中阴影或高光的部分进行调整，而不影响其他部分的效果，其参数面板如图 6.79 所示，效果如图 6.80 所示。

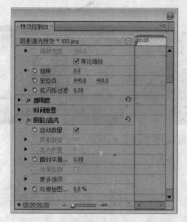

图 6.79 "阴影高光"特效参数面板　　　　图 6.80 "阴影高光"特效效果

6.3.12 "过渡"视频特效组

1. "块溶解"特效

"块溶解"特效可使素材随意地一块块的消失。块宽度和块高度可以设置溶解时块的大小，效果如图 6.81 所示。

图 6.81 "块溶解"特效

2. "渐变擦除"特效

"渐变擦除"特效将一个素材基于另一个素材相应的亮度值渐渐变为透明，这个素材叫渐变层。渐变层的黑色像素引起相应的像素变得透明，如图 6.82 所示。

图 6.82 "渐变擦除"特效

3. "百叶窗"特效

"百叶窗"特效使图层产生百叶窗运动的效果，并消失显示出下层图像，其参数面板如图 6.83 所示，效果如图 6.84 所示。

图 6.83　"百叶窗"特效参数面板　　　　　　　　　图 6.84　"百叶窗"特效效果

6.3.13　"透视"视频特效组

1. "基本 3D"特效

"基本 3D"可以在一个虚拟的三维空间中操纵素材，可以围绕水平和垂直旋转图像移动或远离屏幕。使用简单 3D 效果，还可以使一个旋转的表面产生镜面反射高光，而光源位置总是在观看者的左后上方。因为光来自上方。图像就必须向后倾斜才能看见反射，效果如图 6.85 所示。

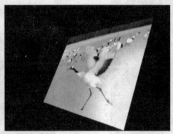

图 6.85　"基本 3D"特效效果

2. "斜角边"特效

"斜角边"能给图像边缘产生一个凿刻的高亮的三维效果。边缘的位置由源图像的 Alpha 通道来确定。该效果中产生的边缘总是成直角的，如图 6.86 所示。

图 6.86　"斜角边"特效

3. "投影"特效

"投影"特效可用来模仿光线照射产生的阴影效果，其参数面板如图 6.87 所示。为一个字幕添加"投影"特效后的阴影效果如图 6.88 所示。

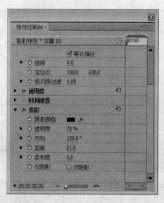

图 6.87　"投影"特效参数面板　　　　　　　图 6.88　设置"投影"效果

6.3.14　"通道"视频特效组

1. "反转"特效

"反转"用于将图像的颜色信息反相，可以用来模仿相片的底片效果，在"特效控制台"面板中设置通道的选项，如图 6.89 所示，其效果如图 6.90 所示。

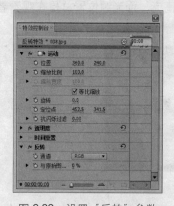

图 6.89　设置"反转"参数　　　　　　　图 6.90　"反转"特效效果

2. "混合"特效

"混合"特效能够将两个素材通过"交叉渐隐"、"仅颜色"、"仅色调"、"仅变暗"、"仅变亮"五种混合模式进行混合，其参数面板如图 6.91 所示。将图 6.92 左所示的图像放置在"视频 1"轨道中，将图 6.92 中所示的图像放置在视频 2 轨道中，为"视频 1"轨道中的图像添加混合特效并设置，单击"视频 2"轨道左侧的 按钮，取消视频 2 轨道的显示，效果如图 6.92 右所示。

3. "设置遮罩"特效

"设置遮罩"特效指定一个层作为当前图像的蒙版层，并通过设置遮罩的不同方式得到不同的效果，其参数面板如图 6.93 所示。为"视频 2"轨道的图像（图 6.94 左）设置该特效，将视频 1 轨道的图像（图 6.94 中）作为遮罩层，通过设置得到如图 6.94 中右图所示的效果。

4. "计算"特效

"计算"特效将一个素材的通道与另一个素材的通道结合在一起，调整参数面板，如图 6.95 所示，得到如图 6.96 所示的效果。

图 6.91　"混合"特效参数面板　　　　　　　　图 6.92　"混合"效果

图 6.93　"设置遮罩"参数面板　　　　　　　　图 6.94　"设置遮罩"效果

图 6.95　"计算"参数面板　　　　　　　　　图 6.96　"计算"效果

6.3.15　"键控"视频特效组

1．"亮度键"特效

"亮度键"特效根据素材的亮度值创建透明效果，亮度值较低的区域变为透明，而亮度值较高的区域得以保留原始状态，对于高反差的素材，使用该键能够产生较好的效果，设置后的效果如图 6.97 所示。

2．"16 点无用信号遮罩"特效

"16 点无用信号遮罩"特效指在画面四周添加 16 个控制点，并且可以任意调整控制点的位置。应用该特效后，可以在"特效控制台"面板中查看其参数，如图 6.98 所示。将一个图像通过"16 点无用信号遮罩"特效，在另一个画面中只显示需要部分，效果如图 6.99 右所示。

图 6.97 "亮度键" 特效效果

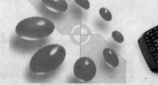

图 6.98 "16 点无用信号遮罩" 特效   图 6.99 设置后的效果

3. "差异遮罩" 特效

"差异遮罩" 是通过比较两个素材之间的透明度来区分素材表面粗糙的效果, 效果如图 6.100 所示。

图 6.100 "差异遮罩" 效果

4. "色度键" 特效

"色度键" 特效允许用户在素材中选择一种颜色或一个颜色范围, 并使之透明。这是最常用的键出方式。

选择应用 "色度键" 特效后, 可以在 "特效控制台" 面板中打开该特效的参数面板。选择滴管工具图标, 并在节目监视窗口中需要抠去的颜色上单击选取颜色, 吸取颜色后, 调节各项参数, 如图 6.101 所示, 观察抠像效果, 如图 6.102 所示。

5. "蓝屏键" 特效

"蓝屏键" 用在以纯蓝色为背景的画面上, 使屏幕上的纯蓝色变得透明, 这种视频特效效果经常用于影片中, 如图 6.103 所示。

6. "轨道遮罩键" 特效

"轨道遮罩键" 特效是把序列中一个轨道上的影片作为透明用的蒙版。可以使用任何素材片段或静止图像作为轨道蒙版，可以通过像素的亮度值定义轨道蒙版层的透明度。在屏蔽中的白色区域不透明，黑色区域可以创建透明的区域，灰色区域可以生成半透明区域。为了创建叠加片段的原始颜色，可以用灰度图像作为屏蔽，其参数面板如图 6.104 所示，设置后的效果如图 6.105 所示。

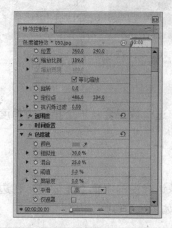

图 6.101　"色度键"参数面板

图 6.102　"色度键"效果

图 6.103　"蓝屏键"特效效果

图 6.104　"轨道遮罩键"参数面板

图 6.105　"轨道遮罩键"效果

6.3.16　"风格化"视频特效组

1．"彩色浮雕"特效

"彩色浮雕"用于锐化图像中物体的边缘，但并不改变图像的原始颜色，如图 6.106 所示。

2．"查找边缘"特效

"查找边缘"特效用于识别图像中明显的和有显著变化的边缘，边缘可以显示为白色背景上的黑线和黑色背景上的彩色线，如图 6.107 所示。

图 6.106 "彩色浮雕"特效效果 　　　　　图 6.107 "查找边缘"特效效果

3. "浮雕"特效

"浮雕"特效用于锐化图像中物体的边缘并修改图像颜色。这个效果会从一个指定的角度使边缘高光，如图 6.108 所示。

4. "边缘粗糙"特效

"边缘粗糙"特效可以使图像的边缘产生粗糙效果，使图像边缘变的粗糙不是很硬，在边缘类型列表中可以选择图像的粗糙类型，例如刺状、生锈等，效果如图 6.109 所示。

图 6.108 "浮雕"特效效果 　　　　　图 6.109 "边缘粗糙"特效效果

5. "复制"特效

"复制"将屏幕分块，并在每一块中都显示整个图像，通过设置计数值设置每行或每列的分块数目，如图 6.110 所示。

6. "马赛克"特效

"马赛克"将使用大量的单色矩形填充一个图层，将画面像素化，如图 6.111 所示。

图 6.110 "复制"特效效果 　　　　　图 6.111 "马赛克"特效效果

6.4　案例实训

通过上面对关键帧、视频特效的介绍，下面将对它们进行实际的操作练习。

6.4.1　案例实训 1——画中画之影视幕墙

本例将通过为"棋盘"特效添加关键帧，使图片之间产生动态效果，效果如图 6.112 所示。

图 6.112　画中画分镜头效果

1. 导入并设置素材

Step 01　启动 Premiere Pro CS5 程序，单击"新建项目"按钮，新建一个项目文件，进入界面。在"项目"面板中"名称"下的空白处双击鼠标左键，在打开的对话框中选择"素材\Cha06\图片组01"文件，单击"导入文件夹"按钮，如图 6.113 所示，弹出"导入分层文件"对话框，将"导入为"定义为"单层"选项，单击"确定"按钮。

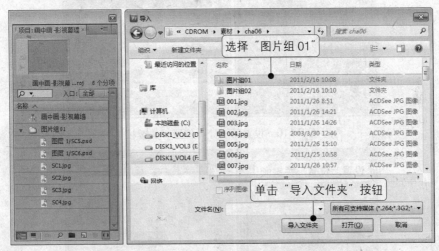

图 6.113　导入"图片组 01"

> **提 示**
>
> 在导入文件时，会出现"导入分层文件"对话框，是由于在导入的素材文件中包含分层文件，在该对话框中"导入为"下拉列表中包含"合并所有图层"、"合并图层"、"单层"、"序列"4 项。"合并所有图层"：按照这种方式导入，所有图层将被合并为一个整体。"合并图层"：可以选择需要导入的图层，所选择的图层将被合并为一个整体。"单层"：所选择的图层将全部导入并且保持各自图层的相互独立。"序列"：与"单层"选项类似，选择"序列"方式导入会自动在"项目"面板中添加一个序列文件。

Step 02　在"项目"面板中，将"SC1.jpg"文件拖至"时间线"面板"视频 1"轨道上，如图 6.114 所示。

Step 03　在"时间线"面板中选中"SC1.jpg"文件并单击右键，选择快捷菜单中的"速度/持续时间"命令，在打开的对话框中，将"持续时间"设置为 00:00:00:17，单击"确定"按钮，如图 6.115 所示。

Step 04　在确定"时间线"面板中的"SC1.jpg"文件被选中的情况下，激活"特效控制台"面板，将"运动"区域下的"缩放比例"设置为 65，"位置"设置为 360、398，单击其左侧的 ⊙ 按钮，打开动画关键帧的记录，如图 6.116 所示。

Step 05　将时间编辑标识线移至 00:00:00:14 的位置，在"特效控制台"面板中将"运动"区域下的"位置"设置为 360、240，设置第二个关键帧，如图 6.117 所示。

图 6.114　导入素材至"时间线"面板中　　　　　　图 6.115　设置"持续时间"

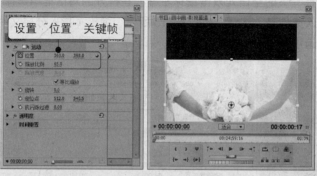

图 6.116　设置第一处"位置"关键帧

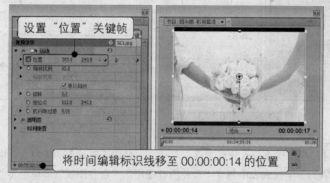

图 6.117　设置第二处关键帧

Step 06　将时间编辑标识线移至 00:00:00:15，在"项目"窗口中将"SC2.jpg"文件拖至"时间线"面板"视频 2"轨道中，与编辑标识线对齐。将"SC2.jpg"文件的"持续时间"设置为 00:00:02:05，如图 6.118 所示。

Step 07　激活"特效控制台"面板，将"运动"区域下的"缩放比例"设置为 72，如图 6.119 所示。

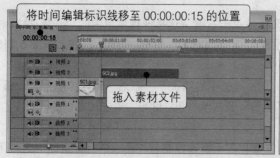

图 6.118　拖入"SC2.jpg"至"时间线"面板中

图 6.119　设置"缩放比例"

Step 08 接下来将添加特效，激活"效果"面板，选择"视频特效"｜"风格化"｜"复制"特效，将其拖至时间线面板中的"SC2.jpg"文件上，如图 6.120 所示。

图 6.120 将"复制"特效拖至素材上

Step 09 确定时间编辑标识线位于 00:00:00:15 处，激活"特效控制台"面板，单击"复制"区域下"计数"左侧的 按钮，打开动画关键帧的记录，如图 6.121 所示。

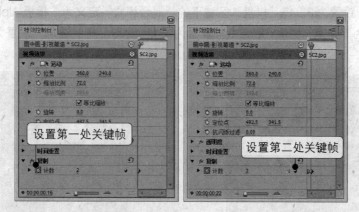

图 6.121 设置第一、二处关键帧

Step 10 将时间编辑标识线移至 00:00:00:22 的位置，在"特效控制台"面板中单击"计数"右侧的 按钮，设置第二个关键帧，如图 6.121 所示。

Step 11 将时间编辑标识线移至 00:00:00:23 的位置，在"特效控制台"面板中将"复制"区域下的"计数"的值设置为 3，如图 6.122 所示。

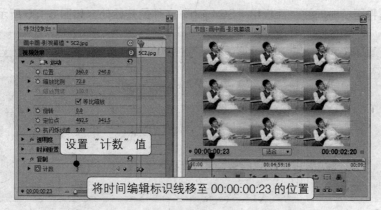

图 6.122 设置第三处关键帧

Step 12 将时间编辑标识线移至 00:00:01:04 的位置，在"项目"面板中，将"SC4.jpg"文件拖至

"时间线"面板"视频 3"轨道中，与编辑标识线对齐，如图 6.123 所示。将"SC4.jpg"文件的"持续时间"设置为 00:00:01:16。

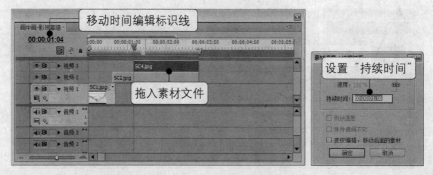

图 6.123 拖入"SC4.jpg"文件并设置"持续时间"

Step 13 激活"特效控制台"面板，在"运动"区域中将"缩放比例"设置为 70，如图 6.124 所示。

Step 14 为"SC4.jpg"文件添加"复制"、"棋盘"视频特效，在"特效控制台"面板中将"复制"区域下的"计数"设置为 3。将"棋盘"区域下的"混合模式"定义为"模板 Alpha"，将"从以下位置开始"定义为"角点"，将"定位点"设置为 341、223，将"边角"设置为 682、458，如图 6.125 所示。

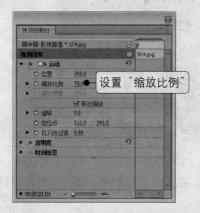

图 6.124 设置"缩放比例"

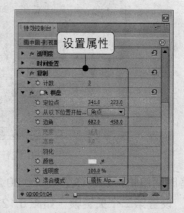

图 6.125 设置"复制""棋盘"特效

Step 15 为了图片在切换时不那么生硬，在"效果"面板中选择"视频切换"｜"擦除"｜"棋盘"切换效果，将其拖至"时间线"面板中"SC4.jpg"文件的开始处，如图 6.126 所示。

图 6.126 添加"棋盘"切换效果

Step 16 选中"棋盘"切换效果，在"特效控制台"面板中，将"持续时间"设置为 00:00:00:02，如图 6.127 所示，单击"自定义"按钮，在打开的对话框中，将"水平切片"、"垂直切片"都设置为 3。

Step 17 添加视频轨道。选择"序列"|"添加轨道"命令，在打开的对话框中，添加 3 条视频轨，0 条音频轨，单击"确定"按钮，如图 6.128 所示。

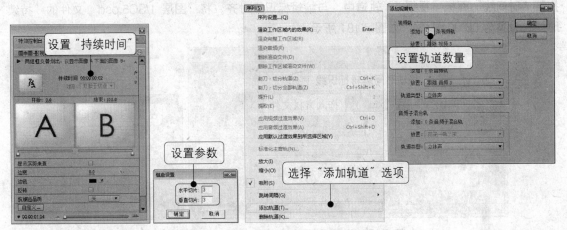

图 6.127　设置"持续时间"　　　　　　图 6.128　添加视频轨道

Step 18 将时间编辑标识线移至 00:00:01:13，在"项目"面板中将"SC3.jpg"文件拖至"时间线"面板"视频 4"轨道中，与编辑标识线对齐，如图 6.129 所示，并将"SC3.jpg"文件的"持续时间"设置为 00:00:01:07。

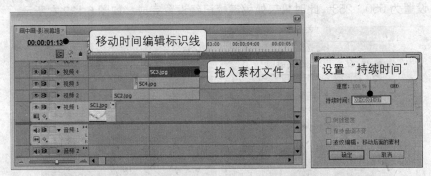

图 6.129　拖入并设置"SC3.jpg"文件

Step 19 在"特效控制台"面板中将"SC3.jpg"文件的"缩放比例"设置为 96，如图 6.130 所示。

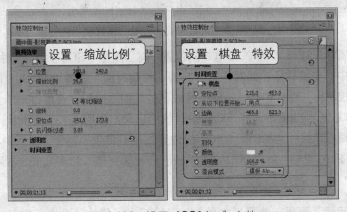

图 6.130　设置"SC3.jpg"文件

Step 20 为 "SC3.jpg" 文件添加 "棋盘" 特效，在 "特效控制台" 面板中将 "棋盘" 区域下的 "混合模式" 定义为 "模板 Alpha"，将 "从以下位置开始" 定义为 "角点"，将 "定位点" 设置为 215、453，将 "边角" 设置为 465、623，如图 6.130 所示。

Step 21 将时间编辑标识线移至 00:00:01:06 的位置，在 "项目" 面板中将 "图层 1/SC5.psd" 文件拖至 "时间线" 面板 "视频 5" 轨道中，与编辑标识线对齐。将 "图层 1/SC5.psd" 文件的 "持续时间" 设置为 00:00:01:14，如图 6.131 所示。

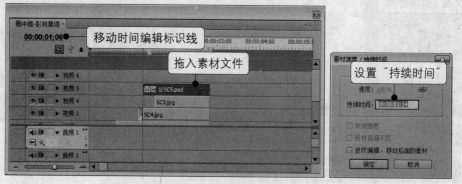

图 6.131　拖入并设置 "图层 1/SC5.psd" 文件

Step 22 在 "特效控制台" 面板中将 "运动" 区域下的 "缩放比例" 设置为 70，将 "位置" 设置为 -196、258，单击其左侧的 按钮，打开动画关键帧的记录，如图 6.132 左所示。

Step 23 将时间编辑标识线移至 00:00:02:00 的位置，在 "特效控制台" 面板中将 "运动" 区域下的 "位置" 设置为 550、258，此时第二处关键帧已经设置完成，如图 6.132 右所示。

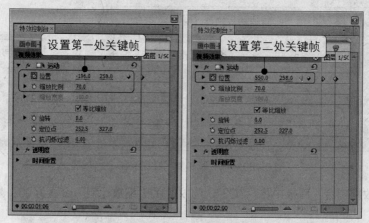

图 6.132　设置两处 "位置" 关键帧

Step 24 将时间编辑标识线移至 00:00:01:06 的位置，将 "图层 1/SC6.psd" 文件拖至 "时间线" 面板 "视频 6" 轨道中，与编辑标识线对齐，并将其 "持续时间" 设置为 00:00:01:14。

Step 25 在 "特效控制台" 面板中将 "运动" 区域下的 "缩放比例" 设置为 70，将 "位置" 设置为 950、243，单击其左侧的 按钮，打开动画关键帧的记录，如图 6.133 左所示。

Step 26 将时间编辑标识线移至 00:00:02:00 的位置，在 "特效控制台" 面板中将 "运动" 区域下的 "位置" 设置为 240、243，此时第二处关键帧已经设置完成，如图 6.133 右所示。

2. 导出视频

Step 01 激活 "时间线" 面板。选择 "文件" | "导出" | "媒体" 命令，打开 "导出设置" 对话

框，在"导出设置"区域下，将"格式"设置为 Microsoft AVI，单击文件名右侧，在打开的对话框中设置文件名及输出路径，如图 6.134 所示。

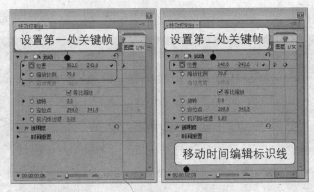

图 6.133　设置"图层 1/SC6.psd"文件

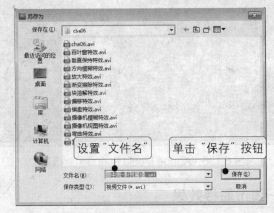

图 6.134　设置文件名

Step 02 进入"视频"选项组，将"视频编解码器"设置为 Microsoft Video 1，将"品质"设置为100，"场类型"设置为逐行，如图 6.135 所示。

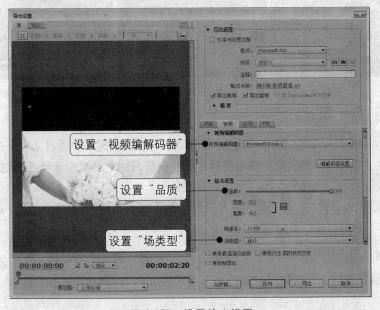

图 6.135　设置输出设置

Step 03 单击"队列"按钮，进入 Adobe Media Encoder 对话框，单击"开始队列"按钮，对视频进行渲染输出，如图 6.136 所示。

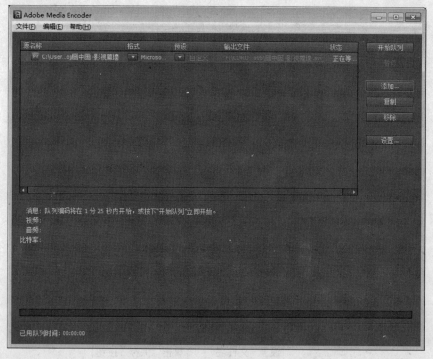

图 6.136　Adobe Media Encoder 对话框

6.4.2　案例实训 2——海市蜃楼效果

本例将通过为"边缘羽化"，"设置遮罩"等特效制作朦胧的效果，其效果如图 6.137 所示。

图 6.137　海市蜃楼效果

1. 导入素材

Step 01 启动 Premiere Pro CS5 程序，单击"新建项目"按钮新建一个项目文件，进入界面中。在"项目"面板中"名称"下的空白处双击鼠标左键，在打开的对话框中选择"素材\Cha06\图片组02"文件夹，单击"导入文件夹"按钮，如图 6.138 所示。

Step 02 在导入过程中会弹出一个"导入分层文件"对话框，在该对话框中将"导入为"定义为"单层"选项，单击"确定"按钮，如图 6.139 所示。

2. 设置素材

Step 01 在"项目"面板中，选择"SC02.jpg"文件并拖至"时间线"面板"视频 1"轨道中，如图 6.140 所示。

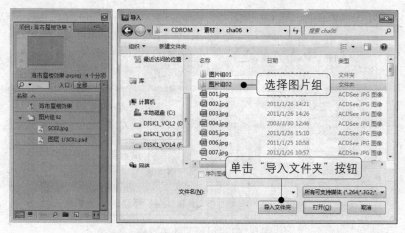

图 6.138　导入"图片组 02"文件夹

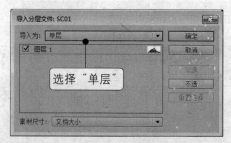

图 6.139　选择"单层"

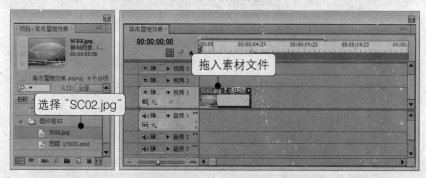

图 6.140　导入"SC02.jpg"文件

Step 02　激活"效果"面板，选择"视频特效"|"模糊与锐化"|"摄像机模糊"特效，将其拖至时间线面板"SC02.jpg"文件上，激活"特效控制台"面板，将"运动"区域下的"缩放比例"设置为 55，在"摄像机模糊"区域下，将"模糊百分比"设置为 20，单击其左侧的回按钮，打开动画关键帧的记录，如图 6.141 左所示。

Step 03　将时间编辑标识线移至 00:00:02:00 的位置，将"模糊百分比"设置为 0，此时第二处关键帧已经设置完成，如图 6.141 右所示。

Step 04　将时间编辑标识线移至 00:00:00:16 的位置，在"项目"面板中，将"图层 1/SC01.psd"文件拖至"时间线"面板"视频 2"轨道上，与编辑标识线对齐，如图 6.142 所示。将"持续时间"设置为 00:00:04:08。

Step 05　激活"特效控制台"面板，将"运动"区域下的"缩放比例"设置为 80，将"位置"设置为 320，150，将"透明度"设置为 0%，如图 6.143 左所示，将时间编辑标识线移至 00:00:02:00的位置，将"透明度"设置为 60%，如图 6.143 右所示。

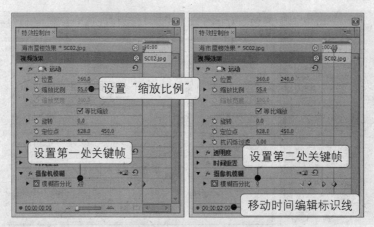

图 6.141　设置两处关键帧

图 6.142　拖入素材文件并设置持续时间

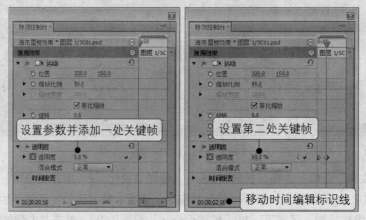

图 6.143　设置关键帧

Step 06　激活"效果"面板，选择"视频特效"｜"变换"｜"羽化边缘"特效和"视频特效"｜"通道"｜"设置遮罩"特效，将其拖至"特效控制台"面板中，如图 6.144 所示。

Step 07　激活"特效控制台"面板，将"羽化边缘"区域下的"数量"设置为 100，将"设置遮罩"区域下的"从图层获取遮罩"设置为视频 1，"用于遮罩"设置为蓝色通道，如图 6.145 所示。

3. 导出视频

Step 01　激活"时间线"面板，选择"文件"｜"导出"｜"媒体"命令，打开"导出设置"对话框，在"导出设置"区域下，将"格式"设置为 Microsoft AVI，单击"输出名称"右侧，在打开的对话框中设置文件名及输出路径，单击"保存"按钮，如图 6.146 所示。

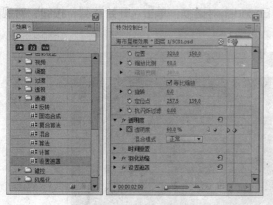

图 6.144　添加特效　　　　　　　　　　　　图 6.145　设置特效参数

图 6.146　设置文件名及输出路径

Step 02　进入"视频"选项组，将"视频编解码器"设置为"Microsoft Video 1"，将"品质"设置为 100，"场类型"设置为"逐行"，如图 6.147 所示。

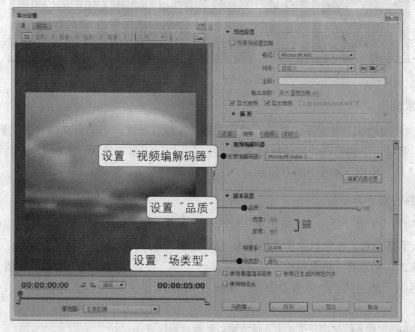

图 6.147　设置"视频"选项

Step 03 单击"队列"按钮，进入 Adobe Media Encoder 对话框，单击"开始队列"按钮，对视频进行渲染输出，如图 6.148 所示。

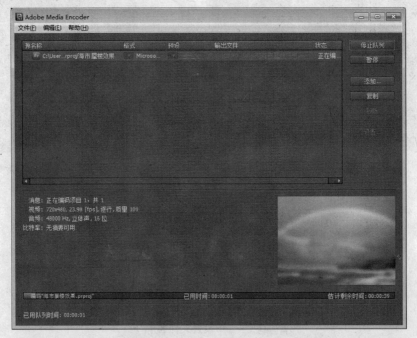

图 6.148　渲染输出

6.4.3　案例实训 3——文字雨效果

本例将通过为滚动的字幕添加"重影"特效，使滚动的字幕产生虚拟的效果，这种效果在一些影片中也会经常被用到，其效果如图 6.149 所示。

图 6.149　文字雨效果

1. 导入素材

启动 Premiere Pro CS5 程序，单击"新建项目"按钮，新建一个项目文件，进入界面。在"项目"面板中"名称"下的空白处双击鼠标左键，在打开的对话框中选择"素材\Cha06\ WZY.jpg"文件，单击"打开"按钮，如图 6.150 所示。

2. 创建并设置字幕

Step 01 按下 Ctrl+T 键，弹出"新建字幕"对话框，将字幕命名为"文本 01"，单击"确定"按钮。
Step 02 进入字幕窗口，在左侧的工具栏中选择▣工具，在字幕编辑区域中拖动鼠标，拖出文本输入框并输入文本，然后在"字幕属性"栏中将"字体大小"设置为 30，将"字体"设置为 Cambria；将"填充"区域下的"颜色"设置为白色，如图 6.151 所示。

提示

在文本框中输入的文字仅供参考，读者可以随意进行设置。

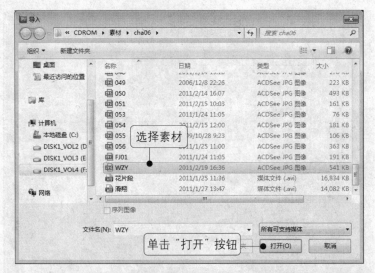

图 6.150　导入素材

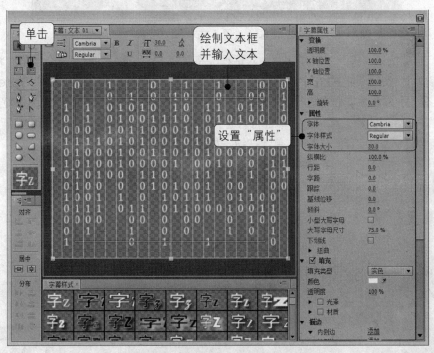

图 6.151　创建并设置字幕

Step 03　设置完字幕后，再单击文本编辑区上方的 ▤ 按钮，打开“滚动/游动选项”对话框，在“字幕类型”区域中选择“滚动”单选项，在“时间(帧)”区域中勾选“开始于屏幕外”和“结束于屏幕外”两个复选框，然后单击“确定”按钮，设置字幕的滚动效果，如图 6.152 所示。

Step 04　单击窗口中的 ▥ 按钮，将新建的字幕命名为“文本 02”，单击 ▤ 按钮，打开“滚动/游动选项”对话框，在“时间(帧)”区域中取消“结束于屏幕外”复选框的选择，单击“确定”按钮，如图 6.153 所示。

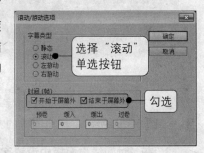

图 6.152　设置滚动效果

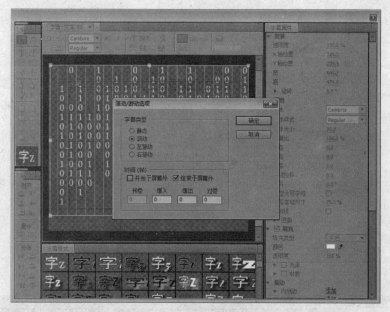

图 6.153 设置"文本 02"字幕

Step 05 单击 Ⓣ 按钮，打开"新建字幕"对话框，将其命名为"数"。新建一个字幕，将字幕设计栏中的内容删除，使用 Ⓣ 工具在字幕设计栏中输入文本，在"字幕样式"栏中选择"CaslonPro Slant Blue 70"，在"字幕属性"栏中将"字体"设置为 HYXingKaiJ，"字体大小"设置为 100，单击"字幕动作"栏中的 🔲 和 🔲 工具，对文本进行对齐，单击 🔳 按钮，打开"滚动/游动选项"对话框，在"字幕类型"区域中选择"静态"单选按钮，如图 6.154 所示。

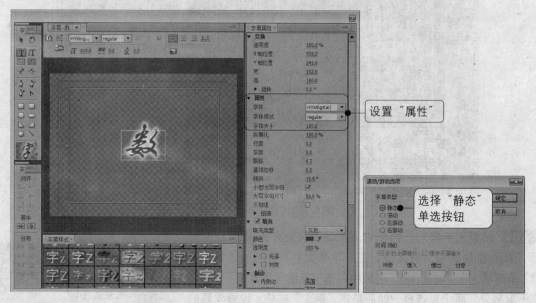

图 6.154 创建并设置字幕

Step 06 单击 Ⓣ 按钮，打开新建字幕对话框，将其命名为"字"，在"字幕设计"栏中修改文本内容，如图 6.155 所示。使用同样的方法创建字幕"时"、"代"。

3. 在"时间线"面板中设置字幕

Step 01 在"项目"面板中，选择"WZY.jpg"素材，将它拖至"时间线"面板"视频 1"轨道中，并将其选中，如图 6.156 所示。

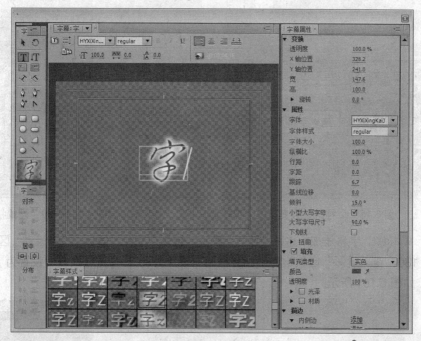

图 6.155　创建字幕

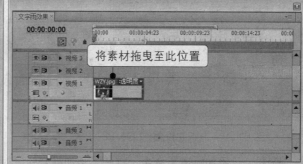

图 6.156　拖入素材

Step 02　激活"特效控制台"面板，将"运动"区域下的"缩放
比例"设置为88，"位置"设置为360，362，如图6.157所示。

Step 03　在"项目"面板中将"文本 01"拖至"时间线"面板
"视频 2"轨道中，并将其"持续时间"设置为 00:00:05:00，
如图 6.158 所示。

Step 04　激活"效果"面板，选择"视频特效"|"时间"|"重
影"特效，将其拖至"时间线"面板视频 2 轨道中"文本 01"
上，激活"特效控制台"面板，将"运动"区域下的"旋转"
设置为180°，将"重影"区域下"回显时间"设置为-0.2，"重
影数量"设置为2，"衰减"设置为0.7，如图6.159所示。

Step 05　将时间编辑标识线移至 00:00:02:08 的位置，在"项目"
面板中，将"文本 02"字幕拖至"时间线"面板"视频 3"轨

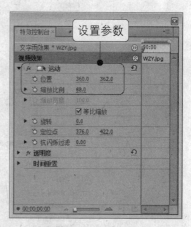

图 6.157　设置位置和缩放比例

道中，与编辑标识线对齐，并将其"持续时间"设置为 00:00:02:16，如图 6.160 所示。

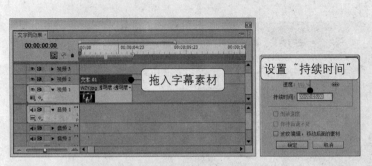

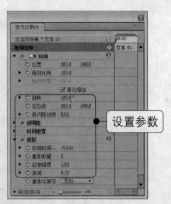

图 6.158　拖入并设置"文本 01"　　　　　　　　图 6.159　设置特效参数

Step 06 为"文本 02"字幕添加"重影"特效，激活"特效控制台"面板，将"运动"区域下的"旋转"设置为 180，在"重影"区域下将"回显时间"设置为-0.2，"重影数量"设置为 2，"衰减"设置为 0.7，如图 6.161 所示。

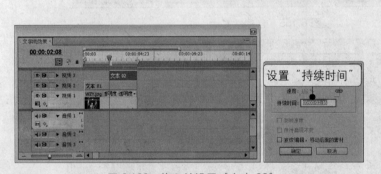

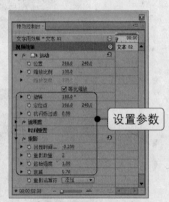

图 6.160　拖入并设置"文本 02"　　　　　　　　图 6.161　设置特效

Step 07 选择"序列" | "添加轨道"命令，打开"添加视音轨"对话框，添加 4 条视频轨，0 条音频轨，单击"确定"按钮，如图 6.162 所示。

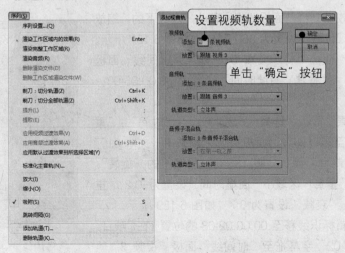

图 6.162　添加视频轨道

Step 08 将时间编辑标识线移至 00:00:01:00 的位置，在"项目"面板中将"数"字幕拖至"时间线"面板"视频 4"轨道中，与编辑标识线对齐，并将其"持续时间"设置为 00:00:04:00，如图 6.163 所示。

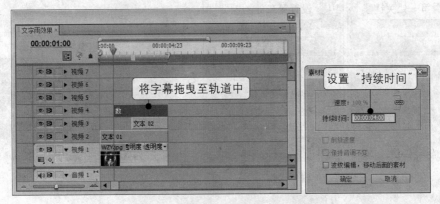

图 6.163 拖入并设置"数"字幕

Step 09 激活"特效控制台"面板，将"运动"区域下的"位置"设置为 211，60，"缩放比例"设置为 0，单击"位置"和"缩放比例"左侧的 ⚙ 按钮，打开动画关键帧的记录；将时间编辑标识线移至 00:00:02:10 的位置，将"位置"设置为 219，152，"缩放比例"设置为 75，如图 6.164 所示。

Step 10 将时间编辑标识线移至 00:00:01:10 的位置，将"字"字幕拖至"时间线"面板"视频 5"轨道中，与编辑标识线对齐，如图 6.165 所示，并将其"持续时间"设置为 00:00:03:14。

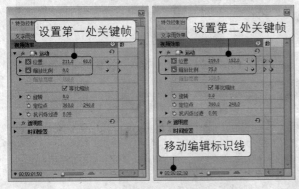

图 6.164 设置两处关键帧

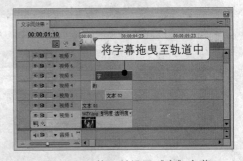

图 6.165 拖入并设置"字"字幕

Step 11 激活"特效控制台"面板，将"运动"区域下的"位置"设置为 306，26，"缩放比例"设置为 0，单击"位置"和"缩放比例"左侧的 ⚙ 按钮，打开动画关键帧的记录；将时间编辑标识线移至 00:00:02:20 的位置，将"位置"设置为 343，136，"缩放比例"设置为 75，如图 6.166 所示。

Step 12 将时间编辑标识线移至 00:00:01:20 的位置，将"时"字幕拖至"时间线"面板"视频 6"轨道中，与编辑标识线对齐，如图 6.167 所示，并将其"持续时间"设置为 00:00:03:04。

Step 13 激活"特效控制台"面板，将"位置"设置为 446，78，"缩放比例"设置为 0，单击"位置"和"缩放比例"左侧的 ⚙ 按钮，打开动画关键帧的记录；将时间编辑标识线移至 00:00:03:06 的位置，如图 6.168 所示，将"位置"设置为 442，146，"缩放比例"设置为 75。

Step 14 将时间编辑标识线移至 00:00:02:06 的位置，将"代"字幕拖至"时间线"面板"视频 7"轨道中，与编辑标识线对齐，如图 6.169 所示，并将其"持续时间"设置为 00:00:02:18。

Step 15 激活"特效控制台"面板，将"位置"设置为 606，36，"缩放比例"设置为 0，单击"位置"和"缩放比例"左侧的 按钮,打开动画关键帧的记录;将时间编辑标识线移至 00:00:03:16 的位置,将"位置"设置为 560,182,"缩放比例"设置为 75,如图 6.170 所示。

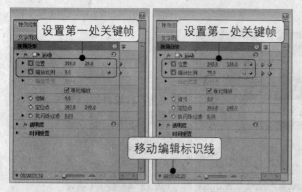

图 6.166 设置两处关键帧

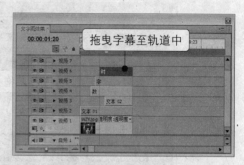

图 6.167 拖入并设置"时"字幕

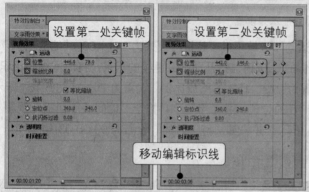

图 6.168 设置两处关键帧

图 6.169 拖入并设置"代"字幕

图 6.170 设置两处关键帧

4. 导出视频

Step 01 激活"时间线"面板,选择"文件"|"导出"|"媒体"命令,打开"导出设置"对话框,在"导出设置"区域下,将"格式"设置为 Microsoft AVI,单击"输出名称"右侧,在打开的对话框中设置文件名及输出路径,单击"保存"按钮;进入"视频"选项组,将"视频编解码器"设置为"Microsoft Video 1",将"品质"设置为 100,"场类型"设置为逐行,如图 6.171 所示。

Step 02 单击"队列"按钮,进入 Adobe Media Encoder 对话框,单击"开始队列"按钮,对视频进行渲染输出,如图 6.172 所示。

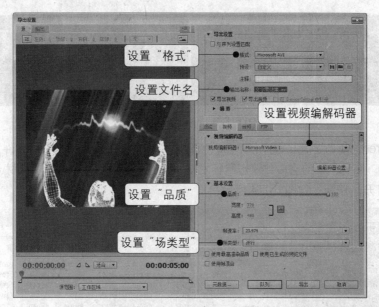

图 6.171　导出设置

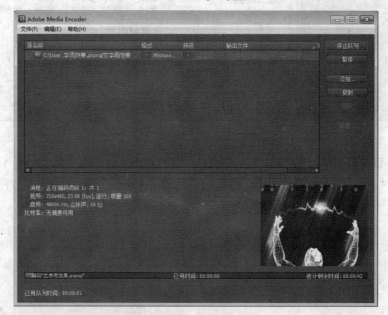

图 6.172　渲染输出

6.4.4　案例实训 4——第三方插件应用

第三方插件可以补充一个软件的功能，可基于软件本身产生更多、更强大的功能。Premiere 的插件简单地说就是内置特效的扩展，安装了某个插件后，用户可如同使用内置特效一样来使用第三方插件。

Premiere 支持的第三方插件比较多，这里介绍几款常用的经典插件。

1. Shine 插件的应用

Shine 插件是 TrapCode 公司推出的一款制作光效的插件，使用 Shine 插件可制作出高品质的光线效果。下面将使用该插件制作文字发光效果，如图 6.173 所示。

图 6.173 Shine 插件效果

Step 01 启动 Premiere Pro CS5 程序，单击"新建项目"按钮，新建一个项目文件，进入界面。在"项目"面板中"名称"下的空白处双击鼠标左键，在打开的对话框中选择"素材\Cha06\040.jpg"文件，单击"打开"按钮，如图 6.174 所示。

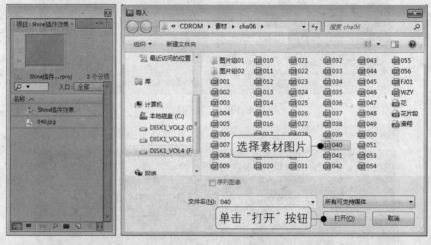

图 6.174 导入素材

Step 02 在"项目"面板中选择"黑客.jpg"文件，将其拖至"时间线"面板视频 1 轨道中。右击"040.jpg"素材，在弹出的菜单中选择"缩放为当前画面大小"命令，如图 6.175 所示，在"特效控制台"面板中将"位置"设置为 360，222。

图 6.175 设置素材大小

Step 03 按下 Ctrl+T 键，弹出"新建字幕"对话框，使用默认名称，单击"确定"按钮。使用 **T** 工具在字幕设计栏中输入文本，在"字幕属性"栏中将文字的"X 轴位置"设置为 328，"Y 轴位置"

设置为 380；将"字体"设置为 HYXiuYingJ，"字体大小"设置为 60；将"填充"区域下的"颜色"
的 RGB 值分别设置为 255、255、0，如图 6.176 所示。

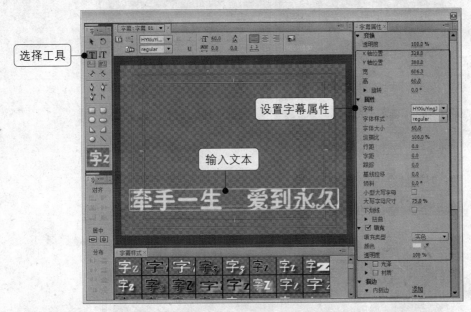

图 6.176　创建字幕

Step 04 在"项目"面板中选择"字幕 01"，将其拖至"时间线"面板"视频 2"轨道上，将其"持
续时间"设置为 00:00:05:00。激活"效果"面板，选择"视频特效"│"Trapcode"│"Shine"
特效，将其拖至"时间线"面板"字幕 01"文件上，如图 6.177 所示。

图 6.177　添加视频特效

Step 05 激活"特效控制台"面板，在"Colorize"区域下，将"Colorize"设置为 None，将 Source
Point 设置为-120、360，并单击左侧的 按钮，打开动画关键帧的记录；将时间编辑标识线移至
00:00:03:16 的位置，将 Source Point 设置为 786、360，如图 6.178 所示。

Step 06 将时间编辑标识线移至 00:00:00:00 的位置，将 Ray Length 设置为 0，并单击其左侧的 按
钮，打开动画关键帧的记录；将时间编辑标识线移至 00:00:01:10 的位置，将 Ray Length 设置为 8，
如图 6.179 所示。

Step 07 将时间编辑标识线移至 00:00:02:06 的位置，单击 Ray Length 右侧的 按钮，添加关键帧；
将时间编辑标识线移至 00:00:03:16 的位置，将 Ray Length 设置为 0，如图 6.180 所示。

Step 08 在"特效控制台"面板中，将"Pre-Process"区域下的"Threshold"设置为 135，选中"Use
Mask"右侧复选框，将"Boost Light"设置为 2，如图 6.181 所示。

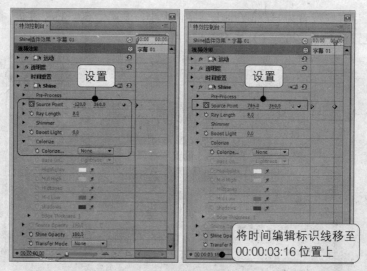

图 6.178　设置两处关键帧

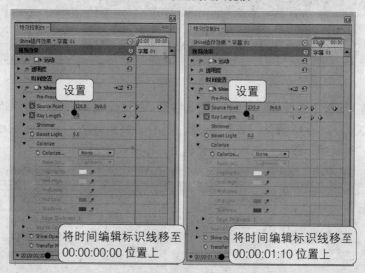

图 6.179　设置两处关键帧

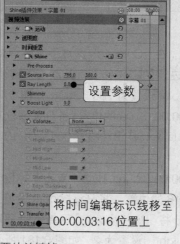

图 6.180　设置两处关键帧　　　　图 6.181　设置特效参数

Step 09 将时间编辑标识线移至 00:00:03:18 的位置，将"字幕 01"拖至"时间线"面板视频 3 轨道中，与编辑标识线对齐，将鼠标移至"字幕 01"结尾，当鼠标变成 ✛ 时按住鼠标拖动，将其结尾处与视频 2 轨道中"字幕 01"结尾对齐，如图 6.182 所示。

Step 10 在"效果"面板中，选择"视频切换" | "叠化" | "交叉叠化（标准）"特效，将其拖至"时间线"面板"视频 3"轨道中"字幕 01"文件的开始处，选择切换效果，在"特效控制台"面板中将"持续时间"设置为 00:00:00:02，如图 6.183 所示。

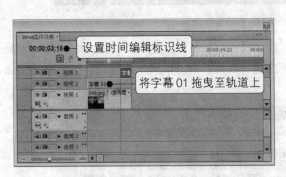

图 6.182　拖入并设置"字幕 01"

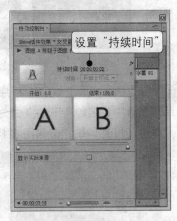

图 6.183　设置切换效果持续时间

Step 11 保存场景，激活"时间线"面板，选择"文件" | "导出" | "媒体"命令，打开"导出设置"对话框，在"导出设置"区域下，将"格式"设置为 Microsoft AVI，单击"输出名称"右侧，在打开的对话框中设置文件名及输出路径，单击"保存"按钮。进入"视频"选项组，将"视频编解码器"设置为"Microsoft Video 1"，将"品质"设置为 100，"场类型"设置为逐行，单击"导出"按钮，对场景进行渲染输出，如图 6.184 所示。

图 6.184　渲染输出

2. Starglow 插件的应用

Starglow 插件也是 TrapCode 公司推出的一款制作光效的插件，Starglow 插件可以根据图像的亮度来添加星光，以制作出绚丽夺目的视觉效果。下面将用该插件为蝴蝶添加星光效果，如图 6.175 所示。

图 6.185　为蝴蝶添加星光效果

Step 01　启动 Premiere Pro CS5 程序，单击"新建项目"按钮，新建一个项目文件，进入界面。在"项目"面板中"名称"下的空白处双击鼠标左键，在打开的对话框中选择"素材\Cha06\花.avi"文件，单击"打开"按钮，如图 6.186 所示。

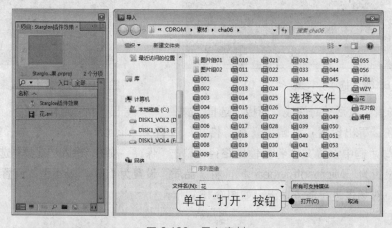

图 6.186　导入素材

Step 02　在"项目"面板中选择"花.avi"文件，将其拖曳至"时间线"面板"视频 1"轨道上，如图 6.187 所示。

Step 03　在"项目"面板中"名称"下的空白处双击鼠标左键，在打开的对话框中选择"素材\Cha06\蝴蝶\蝴蝶 0000.tga"文件，并勾选"序列图像"复选框，然后单击"打开"按钮，如图 6.188 所示。

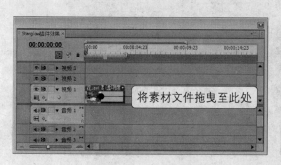

图 6.187　拖入素材

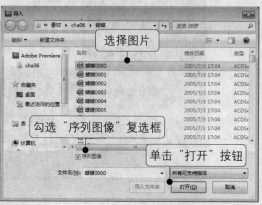

图 6.188　导入序列图像

Step 04 在"项目"面板中将上面导入的素材拖曳至"时间线"面板"视频 2"轨道上，如图 6.189 所示。

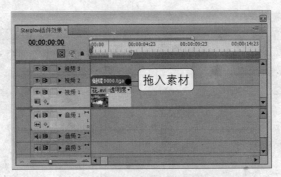

图 6.189　拖入素材

Step 05 激活"效果"面板，选择"视频特效"｜"键控"｜"亮度键"特效，将其拖至"时间线"面板"视频 2"轨道的"蝴蝶 0000.tga"文件上，如图 6.190 所示。

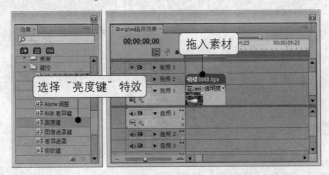

图 6.190　为素材添加"亮度键"特效

Step 06 在"特效控制台"面板中将"亮度键"区域下的"屏蔽度"设置为 38%，如图 6.191 所示。

Step 07 再次激活"效果"面板，选择"视频特效"｜"Trapcode"｜"Starglow"特效，将其拖至"时间线"面板"视频 2"轨道的"蝴蝶 0000.tga"文件上，如图 6.192 所示。

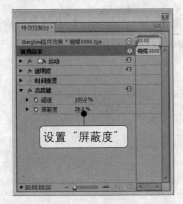

图 6.191　设置"亮度键"参数

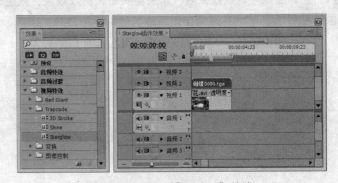

图 6.192　添加"Starglow"特效

Step 08 激活"特效控制台"面板，在"Starglow"区域下，将"Preset"设置为 Xmas Star，"Input Channel"设置为 Luminance；将"Pre-Process"下的"Threshold"设置为 100，"Threshold Soft"设置为 20；将"Individual Length"下的"UP"设置为 3，"UP Right"设置为 3，"Down Right"设置为 1，将"Individual Colors"下的"Left"、"UP Left"、"Down Left"设置为 Colormap A；将

"Colormap A"下的"Preset"设置为 Chemistry；将"Colormap B"的设置为"Red Prism"；将
"Source Opacity"设置为 50，"Transfer Mode"设置为 Normal，如图 6.193 所示。

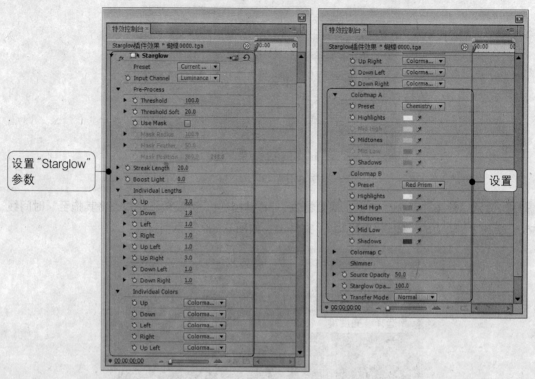

图 6.193　设置"Starglow"特效参数

Step 09　保存场景，激活"时间线"面板，选择"文件"|"导出"|"媒体"命令，打开"导出设置"对话框进行设置，对场景进行渲染输出。

6.5　课后练习

（1）添加视频特效效果后，如果需要删除特效效果，就应先激活＿＿＿＿＿＿面板，选中需要删除的效果，然后单击鼠标右键，在弹出的快捷菜单中选择"清除"命令即可。

（2）Premiere Pro CS5 提供了多达＿＿＿＿＿＿种视频特效。

第 **7** 章

设置素材的运动效果

本章导读

　　本章主要讲解素材的运动以及设置运动的路径等，通过对本章的学习，读者可以掌握怎样让一个静止的素材运动起来。

知识要点

- ✪ 认识"运动"区域
- ✪ 设置运动参数
- ✪ 设置运动路径
- ✪ 调整路径控制柄
- ✪ 运动关键帧的灵活使用

7.1　运动设置的基本操作

　　在 Premiere Pro CS5 中设置运动效果时，素材是沿着一条设置好的路径移动的。路径由多个控制点（节点）和联结控制点之间的连线组成，路径引导着素材的运动，包括进入和退出可视区域。运动效果作用于素材整体，而不是素材的某个部分。

7.1.1　认识"运动"区域

　　将素材拖入到视频轨道后，选中素材，激活"特效控制台"面板，单击"运动"左侧的▶按钮，展开"运动"区域，如图 7.1 所示，有以下参数可调整。

- 　**位置**：可以设置对象在屏幕中的位置坐标。
- 　**缩放比例**：可调节被设置对象缩放度。
- 　**缩放高度、宽度**：在不勾选"等比缩放"复选框的情况下可以设置被设置对象的高度、宽度。
- 　**旋转**：可以设置对象在屏幕中的旋转角度。
- 　**定位点**：可以设置对象的旋转或移动控制点。
- 　**抗闪烁过滤**：消除视频中的闪烁现象。

图 7.1　展开"运动"区域

7.1.2　运动参数

　　运动区域中的参数可以根据需要进行调整，操作如下。

Step 01 向"项目"面板中导入"图片.jpg"文件，并将其拖至"时间线"面板"视频 1"轨道中，如图 7.2 所示。

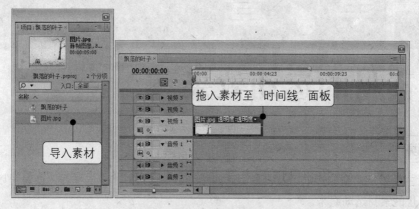

图 7.2　导入素材

Step 02 在确定"时间线"面板中素材被选中的情况下，激活"特效控制台"面板，在"运动"区域下将"缩放比例"设置为 82，如图 7.3 所示，在"节目监视器"窗口中可以看到效果。

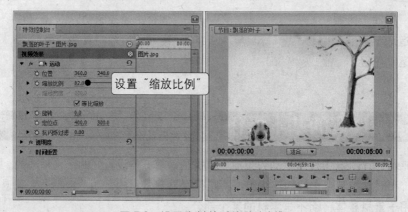

图 7.3　设置素材的"缩放比例"

Step 03 向"项目"面板中导入素材，这里导入"树叶.psd"文件，在导入过程中弹出"导入分层文件：树叶"对话框，在对话框中选择需要导入的图层，本例将选择"单层"。单击"确定"按钮，并将 psd 文件拖至"时间线"面板"视频 2"轨道中，如图 7.4 所示，然后激活"特效控制台"面板，将"运动"区域下的"缩放比例"设置为 129，将"位置"设置为 460、90，"旋转"设置为 -46.3°，如图 7.5 所示。

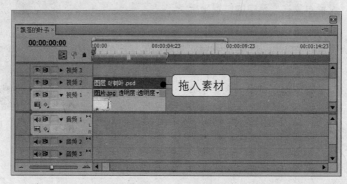

图 7.4　拖入素材至"时间线"面板中

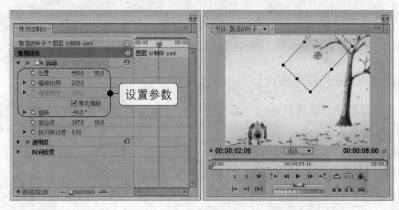

图 7.5　设置参数

7.1.3　设置运动路径

　　路径主要是通过设置"运动"区域中的参数，并为每一个设置的参数添加关键帧产生运动效果，下面将接着上面的操作继续制作一个下落的树叶，操作如下。

Step 01　设置第一处关键帧，在"特效控制台"面板中，单击"位置"左侧的 ⏱ 按钮，在 00:00:00:00 位置处添加一处关键帧，如图 7.6 所示。

Step 02　将时间编辑标识线移至 00:00:03:02 的位置，在"特效控制台"面板中，将"位置"设置为 360、236，如图 7.7 所示，或者在"节目监视器"窗口中直接拖动设置位置。

　　　图 7.6　设置关键帧　　　　　　图 7.7　设置第二处位置关键帧

Step 03　将时间编辑标识线移至 00:00:04:23 的位置，在"特效控制台"面板中，将"运动"下的"位置"设置为 261、443，如图 7.8 所示。

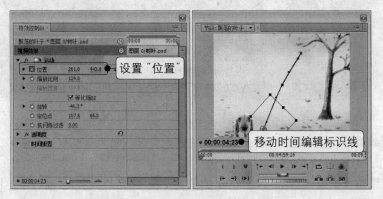

图 7.8　设置第三处"位置"关键帧

此时树叶下落的操作已经完成，单击"节目监视器"窗口中的▶按钮，对设置的路径进行播放。

7.1.4 调整运动路径的控制柄

可以看到已经设置好的路径只是一个弧度路径，下面将通过调整它的节点使路径变得更加有坡度。

Step 01 使设置后的路径在"节目监视器"窗口中全部显示出来。

Step 02 将鼠标指针放在路径的控制柄上，当其变为 ▶ 形状时，对路径进行拖动调整，如果想对单个控制柄进行调整，可以按住 Ctrl 键，调整后的效果如图 7.9 所示。

图 7.9 调整后的路径

7.1.5 播放运动效果

此时路径已经调整好了，可以直接拖动编辑标识线进行滑动欣赏，也可以按下空格键进行播放，或是单击"节目监视器"窗口中的▶按钮播放欣赏。

7.2 运动控制的设置技术

一个物体在下落的过程中会不断翻滚，同时物体的大小也会随下落过程而变化，下面将进行调整。

7.2.1 课堂实训1——设置画面的旋转

下面将接着上面的制作继续设置旋转效果。

Step 01 将时间编辑标识线移至 00:00:00:00 的位置，在"特效控制台"面板中，单击"旋转"左侧的 ⏱ 按钮，打开动画关键帧的记录，如图 7.10 所示。

Step 02 将时间编辑标识线移至 00:00:01:08 的位置，在"特效控制台"面板中，将"旋转"设置为-11.3°，如图 7.11 所示，添加第二处旋转关键帧。

图 7.10 打开动画关键帧的记录

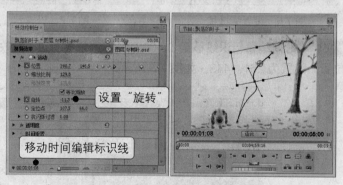

图 7.11 添加第二处关键帧

Step 03 将时间编辑标识线设置在 00:00:02:16 的位置，在"特效控制台"面板中，将"旋转"的值设置为-81.3°，如图 7.12 所示。

Step 04 将时间编辑标识线移至 00:00:04:09 的位置，在"特效控制台"面板中，将"旋转"的值设置为-9.3°，如图 7.13 所示。

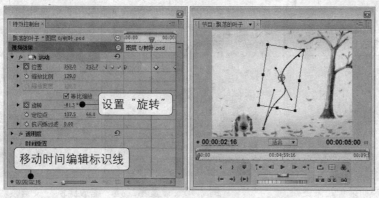

图 7.12　设置第三处旋转关键帧

图 7.13　添加第四处旋转关键帧

Step 05 将时间编辑标识线移至 00:00:04:23 的位置处，在"特效控制台"面板中，将"旋转"的值设置为-22.3°，如图 7.14 所示。

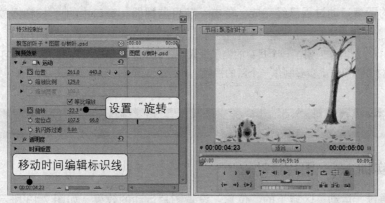

图 7.14　添加第五处旋转关键帧

7.2.2　课堂实训2——设置图像的比例

下面将制作树叶在下落过程中渐远的感觉，操作如下。

Step 01 将时间编辑标识线移至 00:00:00:00 的位置，在"特效控制台"面板中，单击"缩放比例"左侧的 按钮，添加一处"缩放比例"关键帧，如图 7.15 所示。

Step 02 将时间编辑标识线移至 00:00:02:16 的位置，将"特效控制台"面板中的"缩放比例"设置为 90，如图 7.16 所示。

 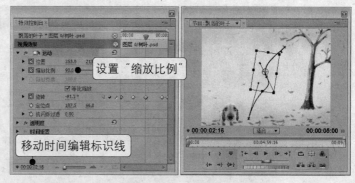

图 7.15 添加第一处关键帧 　　　图 7.16 设置第二处"缩放比例"关键帧

Step 03 将时间编辑标识线移至 00:00:04:23 的位置，在"特效控制台"面板中将"运动"区域下的"缩放比例"设置为 129，如图 7.17 所示。

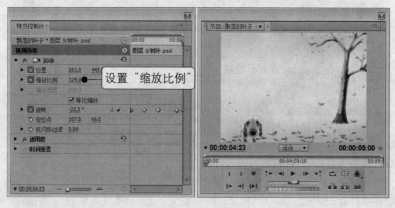

图 7.17 设置第三处"缩放比例"关键帧

此时树叶的下落运动过程已经完成，单击"节目监视器"窗口中的 ▶ 按钮播放欣赏。

提示

本节进行介绍时，应用了一个贯穿的例子来表现，因此，这里就不提供"课堂练习"了，读者可以自定义素材并参照以上步骤制作一个新的视频。

7.3 案例实训

7.3.1 案例实训1——图片运动

本例主要通过"运动"区域下的"位置"设置图片运动的效果，如图 7.18 所示。

图 7.18 图片运动效果

具体操作步骤如下。

1. 导入并设置素材

Step 01 启用 Premiere Pro CS5，单击"新建项目"按钮新建一个项目文件，进入界面。双击"项目"面板"名称"区域下空白处，在打开的对话框中选择"素材\Cha07\'图片运动'文件夹"，单击"导入文件夹"按钮，如图 7.19 所示。在弹出的"导入分层文件：2"对话框中，将"导入为"设置为"单层"，单击"确定"按钮，在"导入分层文件：3"对话框中，将"导入为"设置为"单层"，单击"确定"按钮，在"导入分层文件：4"对话框中，将"导入为"设置为"单层"，单击"确定"按钮。这时将整个"图片运动"文件夹导入到项目面板中。

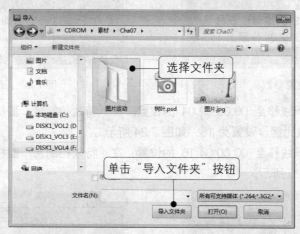

图 7.19　导入"图片运动"

Step 02 打开"图片运动"文件夹，将"1.jpg"文件拖至"时间线"面板"视频 1"轨道中并将其选中，激活"特效控制台"面板，将"缩放比例"的值设置为 500，并单击其左侧的⊙按钮，打开动画关键帧的记录，如图 7.20 所示。

Step 03 将时间编辑标识线移至 00:00:04:16 的位置，在"特效控制台"面板中，将"运动"区域下的"缩放比例"设置为 44，如图 7.21 所示。

图 7.20　设置"缩放比例"

图 7.21　设置"缩放比例"

Step 04 将时间编辑标识线移至 00:00:00:00 的位置处，在"项目"面板中将"2.psd"文件拖至"时间线"面板"视频 2"中并将其选中，在"特效控制台"面板中，将"运动"区域下的"缩放比例"设置为 30，并单击其左侧的⊙按钮，同时将"位置"的值设置为 360、939，如图 7.22 所示。

Step 05 将时间编辑标识线移至 00:00:00:20 的位置，在"特效控制台"面板中单击"位置"左侧的⊙按钮添加一处关键帧，然后单击"缩放比例"右侧的⊙按钮，如图 7.23 所示。

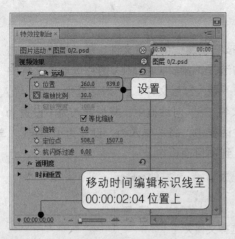

图 7.22 设置参数

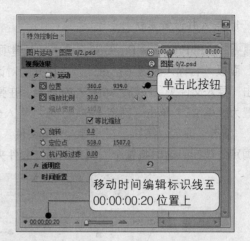

图 7.23 添加关键帧

Step 06 将时间编辑标识线移至 00:00:02:04 的位置，在"特效控制台"面板中，将"位置"设置为 360、600，将"缩放比例"设置为 15，如图 7.24 所示。

Step 07 将时间编辑标识线移至 00:00:04:16 的位置，在"特效控制台"面板中，将"位置"设置为 360、-299，如图 7.25 所示。

图 7.24 设置"位置"、"缩放比例"

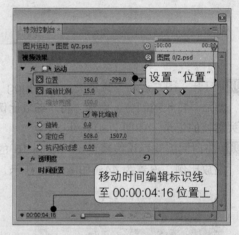

图 7.25 设置"位置"

注意　为了使素材在运动时不出现偏离，在设置完路径后应对路径上的节点进行稍微调整。

Step 08 将时间编辑标识线移至 00:00:00:00 的位置，在"项目"面板中将"3.psd"文件拖至"时间线"面板"视频 3"轨道中，在"3.psd"选中的情况下，激活"特效控制台"面板，将"运动"区域下"缩放比例"设置为 36，并单击其左侧的 ⏱ 按钮，打开动画关键帧，将"位置"设置为 179、-500，如图 7.26 所示。

Step 09 将时间编辑标识线移至 00:00:00:20 的位置，在"特效控制台"面板中，单击"位置"左侧的 ⏱ 按钮，打开动画关键帧，并单击"缩放比例"右侧的 ◇ 按钮，添加一处关键帧，如图 7.27 所示。

Step 10 将时间编辑标识线移至 00:00:02:04 的位置，在"特效控制台"面板中，将"缩放比例"设置为 18，将"位置"设置为 93、-130，如图 7.28 所示。

Step 11 将时间编辑标识线移至 00:00:04:16 的位置，在"特效控制台"面板中，将"位置"设置为 93、739，然后单击"缩放比例"右侧的 ◇ 按钮添加一处关键帧，如图 7.29 所示。

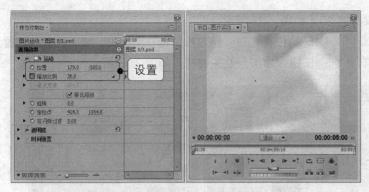

图 7.26 设置"位置"、"缩放比例"   图 7.27 设置关键帧

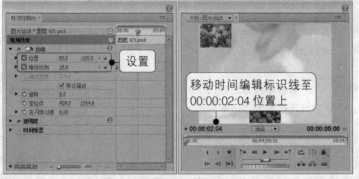

图 7.28 设置"位置"、"缩放比例"   图 7.29 添加关键帧

注 意

　　设置完"3.psd"文件的关键帧后,在"节目监视器"窗口中单击"适配"右侧的下三角按钮,选
择"25%",调整路径上的控制手柄,调整后将其设置为"适配"。

Step 12 向"时间线"面板添加两条视频轨,将时间编辑标识线移至 00:00:00:00 的位置,在"项目"面板中将"4.psd"文件拖至"时间线"面板"视频 4"轨道中,并将其选中,在"特效控制台"面板中,将"运动"区域下"缩放比例"设置为 36,并单击其左侧的 按钮,打开动画关键帧,将"位置"设置为 539、-500,如图 7.30 所示。

Step 13 将时间编辑标识线移至 00:00:00:20 的位置,在"特效控制台"面板中,单击"位置"左侧的 按钮,打开动画关键帧,并单击"缩放比例"右侧的 按钮,添加一处关键帧,如图 7.31 所示。

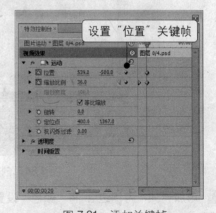

图 7.30 设置参数   图 7.31 添加关键帧

Step 14 将时间编辑标识线移至 00:00:02:04 的位置,在"特效控制台"面板中,将"位置"设置

为 633、－129，将"缩放比例"设置为 18，如图 7.32 所示。

Step 15 将时间编辑标识线移至 00:00:04:16 的位置，在"特效控制台"面板中，将"位置"设置为 633、729，单击"缩放比例"右侧的 ⬤ 按钮，添加一处关键帧，如图 7.33 所示。

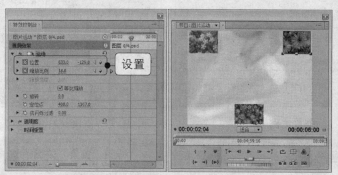

图 7.32 设置"位置"、"缩放比例"   图 7.33 添加关键帧

注意

设置完"2.psd"文件的关键帧后，在"节目监视器"窗口中，单击"适配"右侧的下三角，选择"25%"，调整路径上的控制手柄，调整后将其设置为"适配"。

2. 创建字幕

Step 01 按下 Ctrl+T 键，新建字幕，将字幕命名为"百花争放"，单击"确定"按钮，进入字幕窗口。

Step 02 使用 T 工具，在字幕编辑区域中输入"百花争放"，在"字幕属性"区域中将"属性"下的"字体"设置为 HYYuanDieJ，将"字体大小"设置为 105，将"填充"下的"颜色"RGB 值设置为 20、70、253，勾选"光泽"复选框，将"颜色"的 RGB 值设置为 19、239、242，将"大小"设置为 100，调整文本的位置如图 7.34 所示。

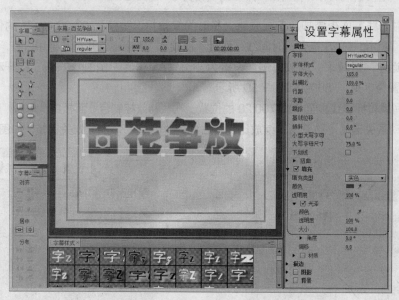

图 7.34 创建并设置"百花争放"

Step 03 添加一处"内侧边"，将"颜色"设置为白色；添加一处"外侧边"，将"类型"定义为"凹进"，"角度"设置为 45，"级别"设置为 20，"填充类型"定义为"放射渐变"，将"颜色"左侧色标的 RGB 值设置为 246、242、112，将右侧色标 RGB 值设置为 255、5、240；勾选"阴影"复选

框,将"透明度"设置为55%,将"角度"设置为-205°,将"距离"设置为12,将"扩散"设置为33,如图7.35所示。

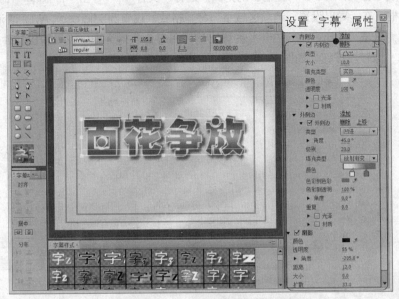

图7.35 设置内、外侧边及阴影

3. 拖入并设置字幕

Step 01 关闭字幕窗口,确定时间编辑标识线位于00:00:00:00的位置,将"百花争放"拖至"时间线"面板"视频5"轨道中,将其选中,单击鼠标右键,在弹出的快捷菜单中选择"速度|持续时间"命令,在弹出的"素材速度|持续时间"对话框中,将"持续时间"设置为00:00:05:00,单击"确定"按钮,关闭该对话框,在"特效控制台"面板,将"缩放比例"设置为0,并单击其左侧的 按钮,打开动画关键帧,如图7.36所示。

Step 02 将时间编辑标识线移至00:00:04:07的位置,在"特效控制台"面板中,单击"缩放比例"右侧的 按钮,添加一处关键帧,如图7.37所示。

图7.36 设置"缩放比例"关键帧

Step 03 将时间编辑标识线移至00:00:04:23的位置,将"缩放比例"设置为100,如图7.38所示。

图7.37 添加关键帧

图7.38 设置"缩放比例"参数

4. 导出视频

Step 01 在"时间线"面板中，调整输出的范围。选择"文件"|"导出"|"媒体"命令，打开"导出设置"对话框，在"导出设置"选项区域下，将"格式"设置为 Microsoft AVI，取消"导出音频"复选框的勾选，单击"输出名称"右侧，在弹出的"另存为"对话框中设置输出文件的文件名及保存位置，单击"保存"按钮，如图 7.39 所示。

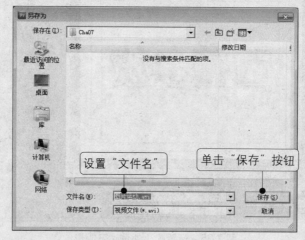

图 7.39 设置"另存为"对话框

Step 02 在"导出设置"对话框中，将"源范围"设置为"工作区域"，如图 7.40 所示。

图 7.40 设置"源范围"

Step 03 在面板右侧选择"视频"选项，将"画幅大小"的"宽"设置为 720、"高"设置为 480，将"品质"设置为 100%，单击"导出"按钮，进行渲染输出，如图 7.41 所示。

Step 04 完成后，对场景进行保存。

图 7.41 导出视频

172

7.3.2 案例实训 2——文字运动

本例将制作文字的运动效果，其效果如图 7.42 所示。

图 7.42　文字运动

1. 导入并设置素材

Step 01　启用 Premiere Pro CS5，单击"新建项目"按钮，新建一个项目文件，进入界面。双击"项目"面板"名称"区域下空白处，在打开的对话框中，选择"素材\Cha07\'文字运动'"文件夹，单击"导入文件夹"按钮，如图 7.43 所示。

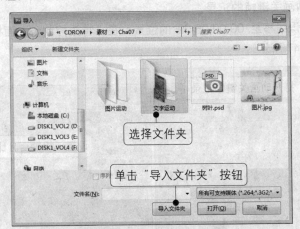

图 7.43　导入文件夹

Step 02　在"时间线"面板中添加 3 条视频轨，将"1.jpg"文件拖至"时间线"面板"视频 1"轨道中，并将其"持续时间"设置为 00:00:04:17，单击"确定"按钮，如图 7.44 所示。

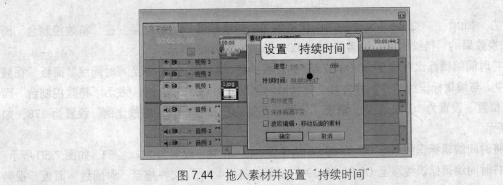

图 7.44　拖入素材并设置"持续时间"

173

Step 03 激活"特效控制台"面板，将"运动"区域下"位置"设置为 360、729，"缩放比例"设置为 41，并单击"位置"、"缩放比例"左侧的██按钮，打开动画关键帧的记录。将时间编辑标识线移至 00:00:03:18 的位置，将"位置"设置为 360、233，如图 7.45 所示。

Step 04 在"项目"面板中，将"2.jpg"文件拖至"时间线"面板"视频 1"轨道中与"1.jpg"文件的结束处对齐，并将"持续时间"设置为 00:00:04:17。为"2.jpg"文件添加"摄像机模糊"视频特效，激活"特效控制台"面板，将"运动"区域下"缩放比例"设置为 57，如图 7.46 所示。

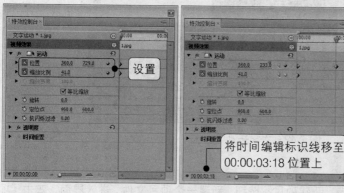

图 7.45　创建位置关键帧　　　　　　　　　　　图 7.46　设置"缩放比例"

Step 05 将时间编辑标识线移至 00:00:04:22 的位置，在"特效控制台"面板中单击"模糊百分比"左侧的██按钮，打开动画关键帧的记录。

Step 06 将时间编辑标识线移至 00:00:05:09 的位置，在"特效控制台"面板中将"模糊百分比"的值设置为 0，如图 7.47 所示。

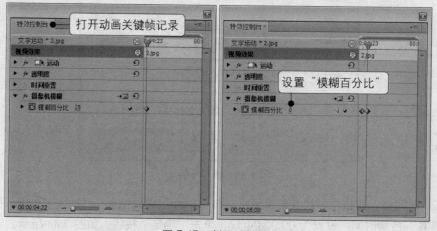

图 7.47　创建关键帧

Step 07 为"1.jpg"、"2.jpg"文件的中间位置添加"伸展覆盖"切换效果，在"特效控制台"面板中将切换效果的"持续时间"设置为 00:00:02:00，如图 7.48 所示。

Step 08 将时间编辑标识线移至 00:00:07:07 的位置，将"3.jpg"文件拖至"时间线"面板"视频 2"轨道中，与编辑标识线对齐，并将其"持续时间"设置为 00:00:04:17。激活"特效控制台"面板，将"位置"设置为 1073、742，单击"位置"左侧的██按钮，将"缩放比例"设置为 176，如图 7.49 所示。

Step 09 将时间编辑标识线移至 00:00:09:08 的位置，将"位置"设置为 360、251，如图 7.50 所示。

Step 10 将时间编辑标识线移至 00:00:10:09 的位置，将"4.jpg"文件拖至"时间线"面板"视频

3″轨道中，与编辑标识线对齐，将其″持续时间″设置为 00:00:04:17。激活″特效控制台″面板，将″位置″设置为 321、243，单击″位置″左侧的 ⬚ 按钮，打开动画关键帧的记录，将″缩放比例″设置为 176，单击″缩放比例″左侧的 ⬚ 关键帧按钮，打开动画关键帧记录，如图 7.51 所示。

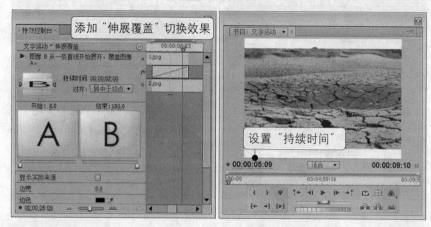

图 7.48　设置″持续时间″

图 7.49　设置″位置″、″缩放比例″

图 7.50　设置″位置″

Step 11　将时间编辑标识线移至 00:00:13:09 的位置，在″特效控制台″面板中将″缩放比例″设置为 76，如图 7.52 所示。为″4.jpg″文件的开始处添加″随机反相″切换效果。

图 7.51　设置″位置″、″缩放比例″关键帧

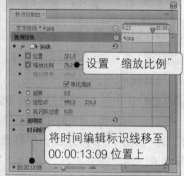

图 7.52　设置″缩放比例″

Step 12　将时间编辑标识线移至 00:00:14:00 的位置，将″5.jpg″文件拖至″时间线″面板″视频 4″轨道中，与编辑标识线对齐，并将其″持续时间″设置为 00:00:04:17。激活″特效控制台″面

板，将"缩放比例"设置为163，如图7.53所示。将"交叉叠化（标准）"切换效果拖至"5.jpg"的开始处。

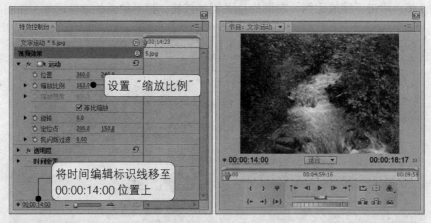

图7.53　设置"缩放比例"

Step 13　将时间编辑标识线移至00:00:16:11的位置，将"6.jpg"文件拖至"时间线"面板"视频5"轨道中，与编辑标识线对齐，将其选中。激活"特效控制台"面板，将"运动"区域下"缩放比例"设置为300，并单击"缩放比例"左侧的按钮，打开动画关键帧的记录，如图7.54所示。

Step 14　将时间编辑标识线移至00:00:20:05的位置，在"特效控制台"面板中将"缩放比例"设置为68，如图7.55所示。为"6.jpg"文件的开始处添加"抖动溶解"切换效果。

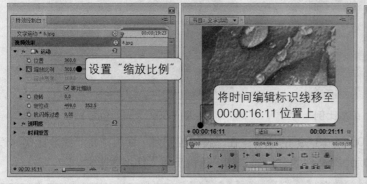

图7.54　设置关键帧　　　　　　　　图7.55　设置"缩放比例"

2. 创建字幕

Step 01　按下 Ctrl+T 键新建字幕，并将其命名为"文本01"，单击"确定"按钮进入字幕窗口，如图7.56所示。

Step 02　使用 T 工具在字幕编辑区域中输入"生命之源"并将其选中，在"字幕属性"区域中，将"字体"定义为HYYuanDieJ，将"填充"区域中"颜色"设置为天蓝色。使用 工具调整文字的位置，如图7.56所示。为字幕添加一处"外侧边"，将"大小"设置为30，将"颜色"RGB值设置为0、18、255。

Step 03　单击字幕窗口上部的 按钮，新建字幕窗口，并将其命名为"文本02"，单击"确定"按钮，对字幕窗口进行修改，如图7.57所示。

Step 04　在字幕编辑区域中删除原来的文本，选择 IT 工具，输入"不要让大地如此地干枯。。。"并将其选中，在"字幕属性"区域中将"属性"下的"字体"定义为FZHuPo-MO4S，将"字体大小"

设置为30，将"字距"设置为6；将"填充"下的"颜色"设置为黄色，如图7.57所示。

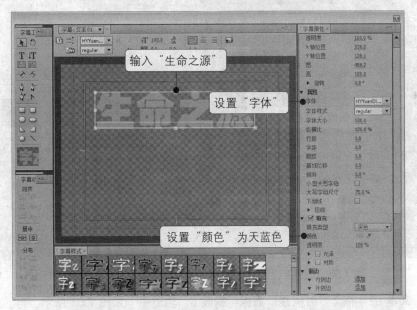

图 7.56　创建并设置"文本 01"

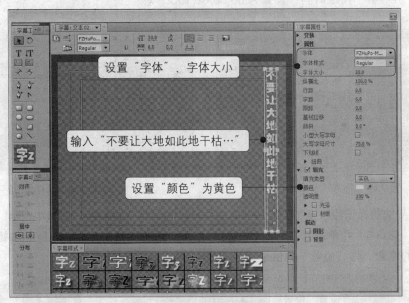

图 7.57　创建并设置"文本 02"

Step 05　使用同样的方法创建"文本 03"，将原来的文本删除，使用 IT 工具在字幕编辑区域中输入如图 7.58 所示的文字。将"填充"区域下"颜色"设置为黑色，将"字体"设置为"Microsoft YaHei"，将"字体大小"设置为39，将"行距"设置为16。

Step 06　使用同样的方法创建"文本 04"、"文本 05"、"文本 06"，字幕内容、字幕属性读者可自定义，完成后关闭字幕窗口，完成后的"项目"面板如图 7.59 所示。

3. 在"时间线"面板中设置字幕

Step 01　将"文本 01"拖至"时间线"面板"视频 6"轨道中，并将"持续时间"设置为 00:00:04:17，如图 7.60 所示。

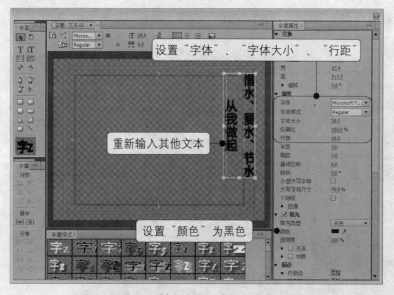

图 7.58　创建并设置"文本 03"　　　　　　　图 7.59　　"项目"面板

Step 02　将"文本 02"拖至"时间线"面板"视频 6"轨道中，如图 7.61 所示，与"文本 01"的结束处对齐，并将其"持续时间"设置为 00:00:02:15。

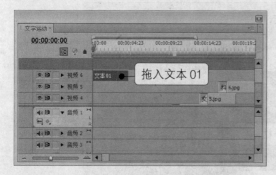
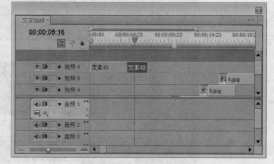

图 7.60　拖入"文本 01"　　　　　　　　　图 7.61　拖入"文本 02"

Step 03　将时间编辑标识线移至 00:00:04:17 的位置，在"特效控制台"面板中，将"位置"的值设置为 360、-233.5，并单击其左侧的 按钮，打开动画关键帧的记录。将时间编辑标识线移至 00:00:05:19 的位置，将"位置"的值设置为 360、240，如图 7.62 所示。

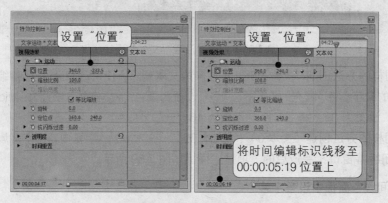

图 7.62　创建"位置"关键帧

Step 04　将时间编辑标识线移至 00:00:06:02 的位置，在"特效控制台"面板中单击"透明度"右

侧的 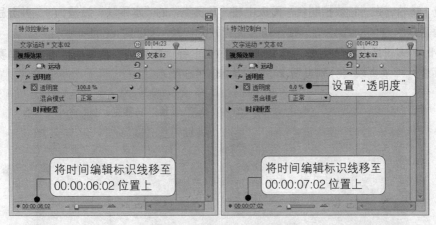 按钮，添加一处关键帧。将时间编辑标识线移至 00:00:07:02 的位置，在"特效控制台"面板中将"透明度"设置为 0%，如图 7.63 所示。

图 7.63 设置"透明度"关键帧

Step 05 将"文本 03"拖至"时间线"面板"视频 6"轨道中，与"文本 02"的结束处对齐，并将"持续时间"设置为 00:00:03:02，如图 7.64 所示。

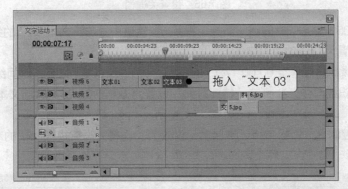

图 7.64 拖入并设置"文本 03"

Step 06 为"文本 03"添加"摄像机模糊"特效，将时间编辑标识线移至 00:00:07:18 的位置，在"特效控制台"面板中将"模糊百分比"设置为 94，并单击其左侧的 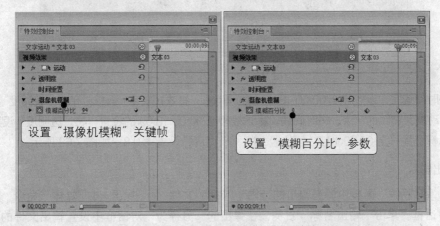 按钮，打开动画关键帧的记录。将时间编辑标识线移至 00:00:09:11 的位置，将"模糊百分比"设置为 0，如图 7.65 所示。

图 7.65 设置"摄像机模糊"关键帧

Step 07 将"文本 04"拖至"时间线"面板"视频 6"轨道中,与"文本 03"的结束处对齐,并将其"持续时间"设置为 00:00:03:15。确定编辑标识线位于 00:00:10:09 的位置,为"文本 04"添加"马赛克"特效,在"特效控制台"面板中将"马赛克"的"水平块"设置为 1,并分别单击"水平块"、"垂直块"左侧的 ⃝ 按钮,打开动画关键帧的记录,如图 7.66 所示。

Step 08 将时间编辑标识线移至 00:00:12:21 的位置,在"特效控制台"面板中将"马赛克"区域下的"水平块"、"垂直块"分别设置为 250,如图 7.66 所示。

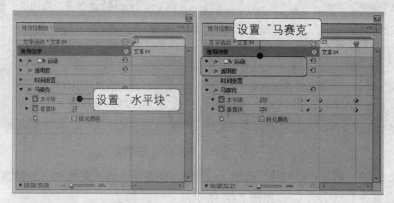

图 7.66 设置关键帧

Step 09 将"文本 05"拖至"时间线"面板"视频 6"轨道中,与"文本 04"的结束处对齐,并将其"持续时间"设置为 00:00:02:12。

Step 10 将时间编辑标识线移至 00:00:17:11 的位置,将"文本 06"拖至"时间线"面板"视频 6"轨道中,与编辑标识线对齐,并将其"持续时间"设置为 00:00:03:23。为"文本 06"添加"高斯模糊"特效。

Step 11 在"特效控制台"面板中将"透明度"设置为 0,将"高斯模糊"下的"模糊度"设置为 34,如图 7.67 所示。

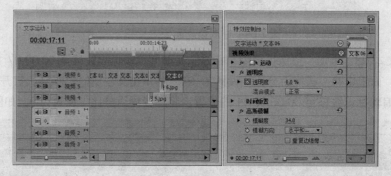

图 7.67 设置"文本 06"

Step 12 将时间编辑标识线移至 00:00:18:03 的位置,在"特效控制台"面板中单击"模糊度"左侧的 ⃝ 按钮,打开动画关键帧的记录。将时间编辑标识线移至 00:00:18:09 的位置,将"透明度"设置为 100。将时间编辑标识线移至 00:00:19:22 的位置,将"模糊度"设置为 0.8,如图 7.68 所示。

4. 导出影片

Step 01 在"时间线"面板中调整输出的范围。选择"文件"|"导出"|"媒体"命令,打开"导出设置"对话框,单击"输出名称"右侧,在弹出的"另存为"对话框中设置输出文件的文件名及保存位置,单击"保存"按钮,如图 7.69 所示。

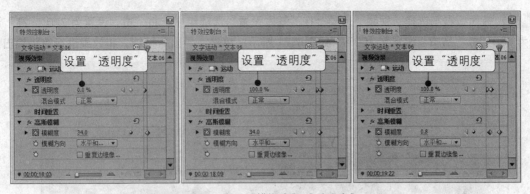

图 7.68　设置"模糊度"、"透明度"

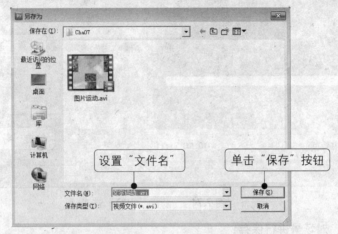

图 7.69　文件名

Step 02　返回到"导出设置"对话框，在"导出设置"区域中将"格式"定义为"Microsoft AVI"，将"源范围"定义为"工作区域"，取消"导出音频"复选框的勾选，如图 7.70 所示。

图 7.70　设置"导出设置"选项

Step 03 在面板右侧选择"视频"选项，在"基本设置"选项组中，将"宽"设置为720，"高"设置为480，将"品质"设置为100%，如图7.71所示。单击"导出"按钮，将效果进行渲染输出。

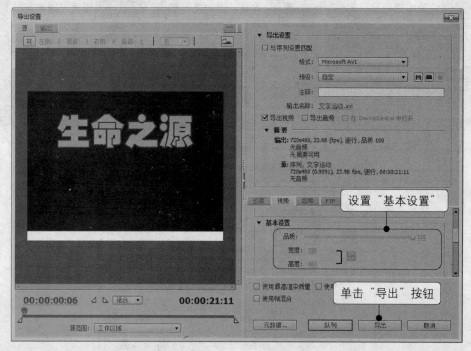

图 7.71　设置"视频"选项

Step 04 完成后，对场景进行保存。

7.4　课后练习

（1）在"填充"选项组中，"填充类型"包括_____种填充类型。

（2）在"描边"选项组中，有_____种描边类型。

第8章

为影片添加音频

本章导读

对于一些影片来说，音频是必不可少的。本章主要讲解使用 Premiere Pro CS5 为影视作品添加音频特效、音频特效的应用以及认识调音台。

知识要点

- ✪ 向影片中添加音频
- ✪ 对影片的剪辑
- ✪ 调整音频的持续时间、速度
- ✪ 视音频的连接、分离
- ✪ 认识"调音台"窗口
- ✪ 音频特效的使用

8.1 向影片中添加音频

向影片中添加音频的操作如下。

Step 01 新建一个项目，然后向"项目"面板中添加"向影片中添加音频.avi"文件，并将其拖至"时间线"面板"视频1"轨道中。再按照相同的方式，在"项目"面板中导入"向影片中添加音频.MP3"文件，如图8.1所示。

Step 02 直接将"向影片中添加音频.MP3"文件从"项目"面板拖到"时间线"面板的"音频1"轨道中，此时已经将音频素材添加到视频文件中了，如图8.2所示。

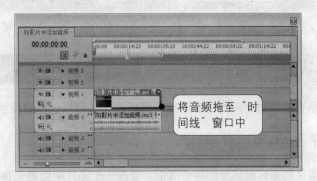

图 8.1　导入视、音频素材　　　　图 8.2　将素材导入到"时间线"面板中

注意音频文件的添加和其他片段的添加完全一样。添加到"时间线"面板后，完全可以像前面介绍的处理视频文件一样来处理音频片段，包括基本的剪辑和移动位置等操作。

本章的重点内容是对音频的基本操作，因此读者通过本章学习可以自己动手操作一下，本章没有提供"课堂练习"。

8.2 剪辑音频素材

在将音频素材添加到"时间线"面板音频轨道上之前，首先在"源素材监视器"窗口中剪辑音频素材，这样不但可以获得较高的剪辑精度，还可以在剪辑音频素材的同时监听到剪辑后的效果。

Step 01 在"项目"面板中双击音频素材，就可以进入如图8.3所示的"素材源监视器"窗口，预览和剪辑音频素材。按下 ▶ 播放按钮，开始欣赏整个片段。

Step 02 在"素材源监视器"窗口中时间显示处，首先确定编辑标识线位于 00:00:00:00 的位置，然后单击 按钮，将该点设为入点，如图8.3所示。

图 8.3 设置入点

定位时间的操作方法很多，最直接的就是在时间轴上拖动编辑标识线，然后观察播放控制按钮条右边的时间指示，或者直接在这个时间指示区中输入时间值。

Step 03 在时间显示处输入一个时间，单击 按钮将该点设为出点。这时候可以观察到时间轴下方被选取的片段以浅蓝色标识出来，如图8.4所示。

Step 04 完成剪辑后，在"素材源监视器"窗口中将音频素材直接拖到"时间线"面板中即可，这时发现音频片段的长度刚好适合视频片段的长度，如图8.5所示。

图 8.4 设置出点 　　图 8.5 将出点、入点之间的素材拖至"时间线"面板音频轨道中

8.3 调整音频的属性

将音频素材导入到"时间线"面板后，还可以调整音频的一些属性。

8.3.1 调整声音的增益

增益是指音频信号的声调高低。当在一个影片中处理包含有多个音频片段的时候，就需要平衡这几个素材的增益，以达到最佳的音频效果。具体操作很简单。

在"时间线"面板中右击音频素材，然后从弹出的快捷菜单中选择"音频增益"命令，进入如

图 8.6 所示的"音频增益"对话框，然后按图 8.6 所示进行操作。

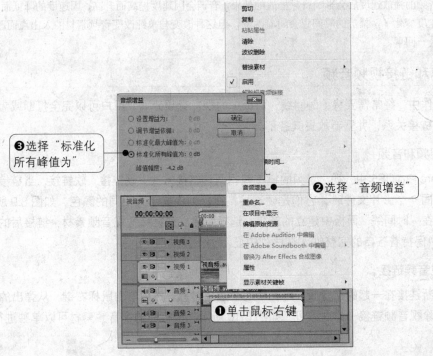

❸选择"标准化
所有峰值为"

❷选择"音频增益"

❶单击鼠标右键

图 8.6　设置音频增益

8.3.2　调整音频持续时间和速度

音频的"持续时间"就是指音频的入、出点之间的素材持续时间，因此，对音频持续时间的调整就是通过入、出点的设置来进行的。

改变整段音频持续时间还有其他方法：可以在"时间线"面板中使用工具，直接拖动音频的边缘以改变音频轨迹上音频素材的长度，如图 8.7 所示。还可以选中"时间线"面板中的音频素材，然后右击鼠标，从弹出的快捷菜单中选择"速度/持续时间"命令，在弹出的"素材速度/持续时间"对话框中可以设置音频片段的长度，如图 8.8 所示。

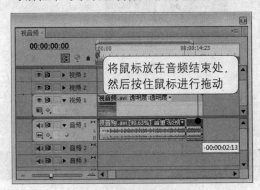

将鼠标放在音频结束处，
然后按住鼠标进行拖动

-00:00:02:13

图 8.7　拖动调整素材

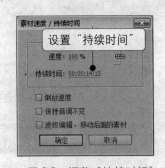

设置"持续时间"

图 8.8　调整"持续时间"

同样，我们可以对音频的速度进行调整，在刚才弹出的"素材速度/持续时间"对话框中对音频素材的播放速度进行调整即可。

注 意

改变音频的播放速度后会影响音频播放的效果，音调会因速度提高而升高，因速度的降低而降低。同时播放速度变化了，播放的时间也会随着改变，但这种改变与单纯改变音频素材的入出点而改变持续时间不是一回事。

8.3.3 分离和链接视频音频

在编辑工作中，经常需要将"时间线"面板中的视、音频分离。用户可以完全打断或者暂时释放链接素材的链接关系，并重新放置其各部分。

1. 链接视频和音频

在 Premiere Pro CS5 中，视、音频的链接包括两种链接方式：硬链接、软链接。当链接的视频和音频来自于同一个影片文件时，它们是硬链接，在序列中显示为相同的颜色，如图 8.9 所示。

软链接是在"时间线"面板中建立的链接。选择要建立软链接的视音频素材，链接后的素材在"项目"面板中保持着各自的完整性，在序列中显示为不同的颜色。

2. 解除视音频链接

如果要打断链接在一起的视音频，可在轨道上选择对象，然后单击鼠标右键，从弹出的快捷菜单中选择"解除视音频链接"命令即可，如图 8.10 所示。被打断的视音频素材可以单独进行操作。

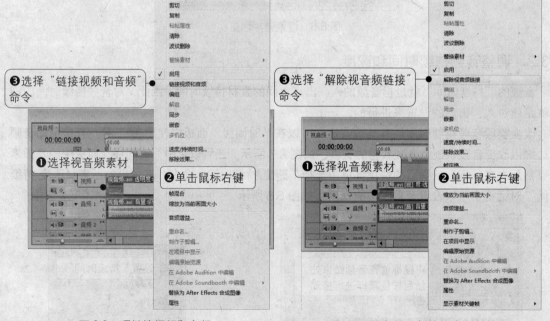

图 8.9　硬链接视频和音频　　　　　　图 8.10　解除视音频链接

8.4　钢笔调整音频淡入淡出效果

选择"显示素材关键帧"或"显示轨道关键帧"命令，可以分别调节素材或者轨道的音量。使用淡化器调节音频电平的方法如下。

Step 01　默认情况下，音频轨道面板卷展栏关闭。单击卷展控制▶按钮，使其变为▼状态，展开轨道，如图 8.11 所示。

Step 02 在"工具"面板中选择![]工具,使用该工具拖动音频素材上的淡化器即可调整音量,如图 8.12 所示。

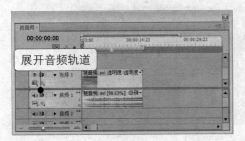

图 8.11 展开音频轨道

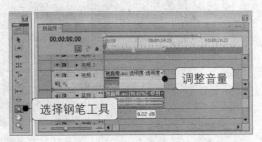

图 8.12 调整音量

Step 03 按住 Ctrl 键,同时将光标移动至音频淡化器上,当光标变为带有加号的笔头时,单击鼠标左键创建关键帧,如图 8.13 所示。这里根据需要创建了 4 个关键帧,按住 Shift 键选择最边的两个关键帧,然后按住鼠标上下拖动关键帧,这样会产生一条递增的直线表示音频淡入,一条递减的直线表示音频淡出,如图 8.14 所示。

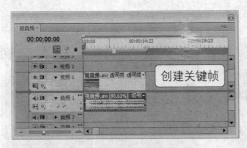

图 8.13 创建关键帧

图 8.14 调整音频的淡入淡出效果

Step 04 右击音频素材,选择"音频增益"命令,在弹出的对话框中单击"标准化所有峰值为",可以使音频素材自动匹配到最佳音量,如图 8.15 所示。

图 8.15 设置"音频增益"

8.5 应用音频特效

Premiere Pro CS5 提供了 20 多种音频特效。"音频特效"的放置和"视频特效"的放置相同,通过使用音频特效可产生回声、合声以及去除噪音的效果,还可以使用扩展的插件得到更多的控制。

8.5.1 课堂实训 1——添加音频效果

按照如下操作步骤添加音频特效。

Step 01 在"项目"面板中导入音频素材,并将素材拖至"时间线"面板"视频 1"轨道中,激活"效果"面板,选择"音频特效" | "立体声" | MultibandCompressor 特效,拖至"时间线"面板中音频素材上,如图 8.16 所示。

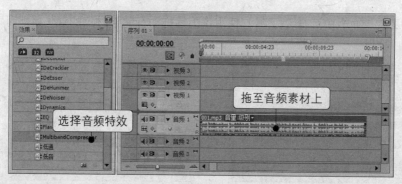

图 8.16 将音频特效拖至素材上

Step 02 激活"特效控制台"面板，将 MultibandCompressor 特效展开，在"自定义设置"下使用鼠标进行设置调整，如图 8.17 所示。

Step 03 此时展开"个别参数"，可以看到随着"自定义设置"的调整，它们的参数也会跟着调整，如图 8.18 所示。

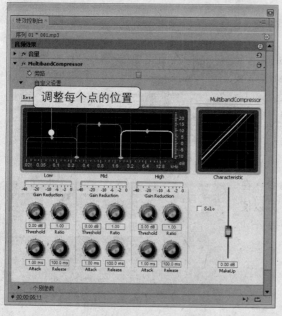

图 8.17 调整"自定义设置"

图 8.18 设置后的"个别参数"

Step 04 调整完成，此时可以按下空格键进行播放欣赏。

8.5.2 课堂实训 2——其他音频滤镜

其他滤镜效果的设置和 MultibandCompressor 特效的设置方法差不多，这里不再作重复介绍。音频特效的使用在于不断尝试和使用经验的积累。下面列出了一些常用的音频特效。

"多功能延迟"特效：能够产生延迟，用在电子音乐中可以产生同步和重复的回声效果，其参数面板如图 8.19 所示。

- 延迟：设置原始声音与回声之间的时间差，最大可设置为 2 秒。
- 反馈：设置有多少回声加入原始声中。
- 级别：设置回声的音量。

- **混合**：设置原始声音和回声之间的混合比例。

"平衡"特效：用于调整音频素材左右声道的相对音量。将这个特效添加到音频轨道中的素材上，确认这个素材处于选中状态，在"特效控制台"面板中可以看到这个特效的参数，如图 8.20 所示。

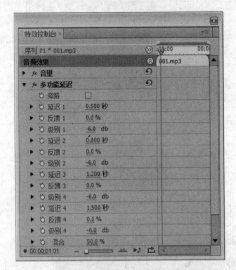

图 8.19　参数面板

图 8.20　"平衡"特效参数面板

- **旁路**：忽略特效参数设置。
- **平衡**：调整左右声道的音量。当数值大于 0 时，右声道的音量所占的比例更大一些；当数值小于 0 时，左声道的音量所占的比例更大一些。

EQ 特效：是 Equalization 的缩写，这个特效能够精确地调节音频的音调。音频的调整是通过提升相应的频率或者降低原始信号的百分比来进行的，"EQ"特效的参数面板如图 8.21 所示。

- **EQ 图表**：用图表的形式显示不同频段音调的调整情况。
- **EQ 均衡化**：设置了 Low（低）、Mid1（中 1）、Mid2（中 2）、Mid3（中 3）、High（高）5 个不同的频段，可以分别调整。
- **Freq**：设置要调整的频率，可以指定 5 个不同频段的具体频率。
- **Gain**：调整各个频段的音量。
- **Q**：确定所设置频率上下的范围。
- **Output**：从总体上设置输出音频的音量。

DeNoiser 特效：降噪效果自动探测录音带的噪音并消除它。使用这个特效消除模拟录制的噪音。"特效控制台"面板中的参数如图 8.22 所示。

Dynamics 特效：提供了一套可以组合或独立调节音频的控制器。既可以使用"自定义设置"视图的图线控制器，也可以在单独的参数视图中调整，如图 8.23 所示，左图为"自定义设置"面板，右图为"个别参数"面板。

MultibandCompressor 特效：是一个可以分波段控制的三波段压缩器。当需要柔和的声音压缩器时使用这个效果，而不需要使用 Dynamics 特效中的压缩器。可以在"自定义设置"区域中使用图形控制器调整参数，也可以在单独的"个别参数"区域中调整参数。在"自定义设置"区域中的频率窗口中会显示三个波段，通过调整增益和频率的手柄来控制每个波段的增益。中心波段的手柄确定波段的交叉频率，拖动手柄可以调整相应的频率，如图 8.24 所示。

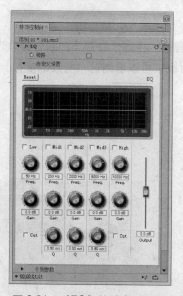

图 8.21 "EQ"特效参数面板

图 8.22 DeNoiser 特效参数面板

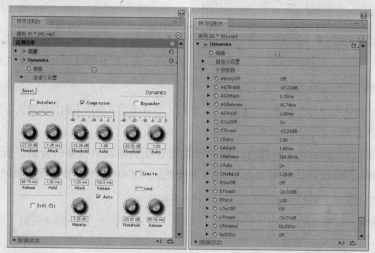

图 8.23 Dynamics 特效参数面板

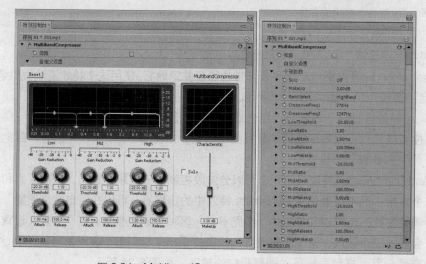

图 8.24 MultibandCompressor 特效参数面板

PitchShifter 特效：变调效果，用来调整输入信号的定调。使用这个效果可以加强高音，反之亦然。可以使用"自定义设置"区域中的图形控制器来调整各个属性，也可以在"个别参数"区域中进行调整，如图 8.25 所示。

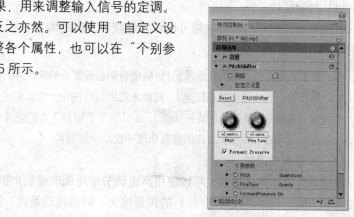

图 8.25　PitchShifter 特效参数面板

8.6　"调音台"窗口的魅力

Premiere Pro CS5 大大加强了处理音频的能力，使其更加专业化。"调音台"窗口可以更加有效地调节节目的音频，如图 8.26 所示。

8.6.1　认识"调音台"窗口

"调音台"窗口由若干个轨道音频控制器、主音频控制器和播放控制器组成。每个控制器通过控制按钮、调节滑块对音频进行调整。

1. 轨道音频控制器

"调音台"窗口中的轨道音频控制器与"时间线"面板中的音频轨道是相对应的：控制器 1 与"时间线"面板中的"音频 1"轨道相对应，控制器 2 与"时间线"面板中"音频 2"轨道相对应，以此类推。当向"时间线"面板中添加音频轨道时，"调音台"窗口中将自动添加一个与之相对应的控制器，如图 8.27 所示，默认的轨道音频控制器有 3 个。

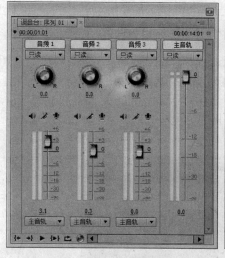

图 8.26　"调音台"窗口

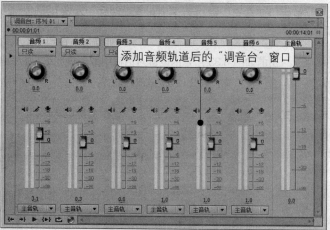

图 8.27　添加音频轨道后的"调音台"

轨道音频控制器由控制按钮、声道调节滑轮及音量调节滑块组成。

(1) 控制按钮

轨道音频控制器的控制按钮可以控制音频调节时的调节状态，如图 8.28 所示。

图 8.28　控制按钮

- **静音轨道：** 选中静音轨道 ，该轨道音频会设置为静音状态。
- **独奏轨：** 选中独奏轨按钮 ，其他未选中独奏按钮的轨道音频会自动设置为静音状态。
- **激活录制轨：** 激活录制轨按钮 ，并分别单击窗口下方的 、 按钮，开始录制声音，停止时，在"时间线"面板相对应的音频轨道中出现一段音频。

(2) 声道调节滑轮

当对象为立体声音频时，可以使用声道调节滑轮调节播放声道。向左拖动滑轮，输出到左声道（L）的声音增大；向右拖动滑轮，输出到右声道（R）的声音增大，声道调节滑轮如图 8.29 所示。

图 8.29　声道调节滑轮

(3) 音量调节滑块

通过音量调节滑块可以控制当前音频轨道中素材对象的音量，Premiere Pro CS5 以分贝数显示音量大小。向上拖动滑块，可以增加音量；向下拖动滑块，可以减小音量。下方数值栏中显示当前音量，用户也可直接在数值栏中输入声音分贝数，如图 8.30 所示。播放音频时，面板右侧为音量表，显示音频播放时的音量大小，音量表顶部的小方块表示系统所能处理的音量极限，当方块显示为红色时，表示该音频音量超过极限，音量过大。

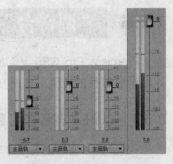

使用主音频控制器可以对"时间线"面板中所有音频轨道上的音频对象进行调节。

图 8.30　音量调节滑块

2. 播放控制器

音频播放控制器用于音频播放，使用方法与监视器窗口中的播放控制栏相同，如图 8.31 所示。

图 8.31　播放控制器

8.6.2　设置"调音台"窗口

单击"调音台"窗口右上方的 按钮，在弹出的菜单中对窗口进行相关设置，如图 8.32 所示。

- **显示/隐藏轨道：** 该命令可以对"调音台"窗口中的轨道进行隐藏或者显示设置。选择该命令，在弹出的如图 8.33 所示的设置对话框中取消音频 2、3 的选择，单击"确定"按钮，此时会发现"调音台"窗口中音频 2、3 轨道已隐藏。

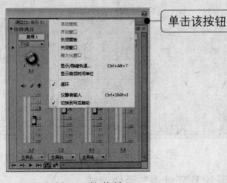

图 8.32　下拉菜单

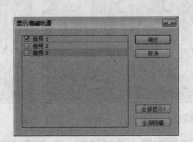

图 8.33　"显示/隐藏轨道"对话框

● **显示音频时间单位**：该命令可以在"时间线"面板中的时间标尺上以音频单位进行显示，如图 8.34 所示，此时会发现"时间线"和"调音台"窗口中都是以音频单位进行显示的。

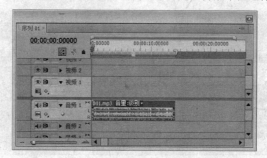

图 8.34 显示音频单位

● **循环**：在该命令被选定的情况下，系统会循环播放音乐。

8.7 案例实训

通过前面对音频特效的介绍，下面通过 5 个例子使读者对音频作进一步了解。

8.7.1 案例实训 1——超重低音效果

本例将通过为音频素材添加"低音"特效，并对特效设置关键帧，使素材在播放时拥有不同阶段的低音效果。

操作步骤如下。

Step 01 启动 Premiere Pro CS5 程序，并新建项目文件，进入界面，在"项目"面板中导入"素材\Cha08\超重低音效果.mp3"文件，如图 8.35 所示。

Step 02 在"项目"面板中将"超重低音效果.mp3"文件直接拖动至"时间线"面板中"音频 1"轨道上，如图 8.36 所示。

图 8.35 导入素材

图 8.36 将音频拖入"时间线"面板

Step 03 激活"效果"面板，选择"音频特效"|"立体声"|"低音"特效，并将其拖至"时间线"面板中"音频 1"轨道"超重低音效果.mp3"文件上，如图 8.37 所示。

Step 04 添加关键帧，在"时间线"面板中将时间编辑标识线移到 00:00:02:18 位置，将"放大"设置为-7.5，单击"放大"左侧的按钮，设置第一处关键帧；将时间编辑标识线移到 00:00:07:01

的位置，将"放大"设置为 7.7；将时间编辑标识线移到 00:00:10:16 的位置，将"放大"设置为12，如图 8.38 所示。

图 8.37　将特效拖至素材上

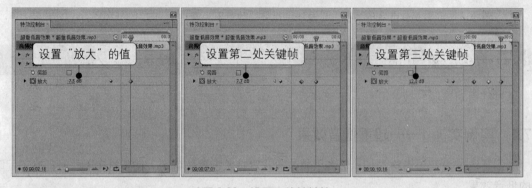

图 8.38　设置三处关键帧

读者可以通过设置"放大"的参数来制作不同的超重低音效果。设置完成后在监视器窗口中进行播放，可听到超重低音的音效。

8.7.2　案例实训 2——山谷回声效果

本实例通过为素材添加并设置"延迟"特效，使素材在播放时产生山谷回声效果。
操作步骤如下。

Step 01　启动 Premiere Pro CS5 程序，并新建项目文件，进入界面，在"项目"面板中导入"素材\Cha08\山谷回声效果.mp3"文件，将其拖至"时间线"面板音频 1 轨道中选中，如图 8.39 所示。

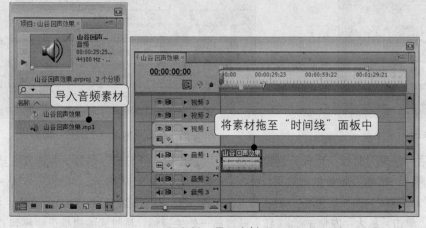

图 8.39　导入素材

Step 02 激活"效果"面板，选择"音频特效"|"立体声"|"延迟"特效，将其拖至"特效控制台"面板中，如图 8.40 所示。

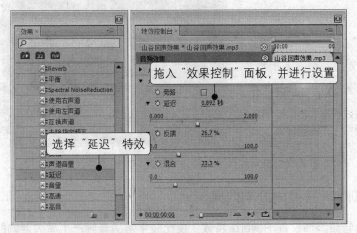

图 8.40 设置"延迟"特效

Step 03 将"延迟"区域下的"延迟"设置为 0.892，"反馈"设置为 26.7，"混合"设置为 23.3。设置完成后，读者可以按下空格键进行播放，音频在播放时有了山谷回声的效果。

8.7.3 案例实训 3——消除音频中的噪声

本实例将通过为一小段有噪声的素材添加设置"DeNoiser"特效，消除音频中出现的电流噪声。操作步骤如下。

Step 01 启动 Premiere Pro CS5 程序，并新建项目文件，进入界面。在"项目"面板中，导入"素材\Cha08\消除音频中的噪声.mp3"文件，如图 8.41 所示，并将其拖至"时间线"面板音频 1 轨道中，将其选中。

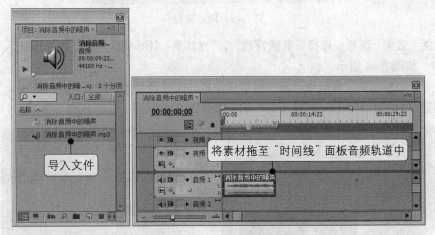

图 8.41 导入素材

Step 02 选中"消除音频中的噪声.mp3"文件，激活"效果"面板，选择"音频特效"|"立体声"| DeNoiser 特效，将其拖至"特效控制台"面板中，如图 8.42 所示。

Step 03 在 DeNoiser 区域中将 Reduction、Offset 的值分别设置为-10、8.5，如图 8.42 所示。

Step 04 设置完成后，在"节目监视器"窗口中进行播放，可以发现音频中的噪声基本消除。

将特效拖至"特效控制台"面板中,并进行设置

图 8.42　将特效拖至"特效控制台"面板中并设置参数

8.7.4　案例实训4——屋内混响效果

本例将通过为音频添加设置 Reverb 特效,使比较平常的音频产生屋内混响的效果,其操作步骤如下。

Step 01　启动 Premiere Pro CS5 程序,新建项目文件,进入界面中。

Step 02　在"项目"面板中,导入"素材\Cha08\屋内混响效果.mp3"文件,并将其拖至"时间线"面板"音频 1"轨道中,如图 8.43 所示。

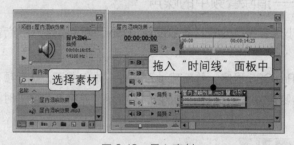

选择素材

拖入"时间线"面板中

图 8.43　导入素材

Step 03　激活"效果"面板,选择"音频特效"|"立体声"|Reverb 特效,并将其拖至"特效控制台"面板中,如图 8.44 所示。

Step 04　在"特效控制台"面板中,将"自定义设置"区域调整为如图 8.44 所示。

Step 05　调整后的"个别参数"区域下显示的参数如图 8.45 所示。

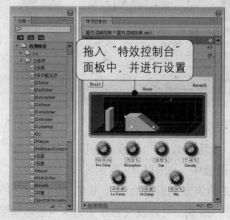

拖入"特效控制台"面板中,并进行设置

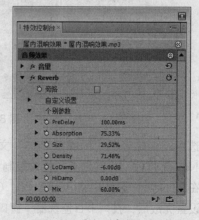

图 8.44　添加并设置"Reverb"特效

图 8.45　"个别参数"区域

Step 06 单击"节目监视器"窗口中的 ▶ 按钮进行播放欣赏。

8.7.5 案例实训 5——制作奇异音调的音频

本实例将运用音频特效中的 PitchShifter 特效,为音频素材调整奇异音调效果。

操作步骤如下。

Step 01 启动 Premiere Pro CS5 程序,并新建项目文件,进入界面,在"项目"面板中导入"素材\
Cha08\制作奇异音调的音频.mp3"文件,如图 8.46 所示,并将制作奇异音调的音频.mp3 文件拖至
"时间线"面板音频 1 轨道中,将其选中。

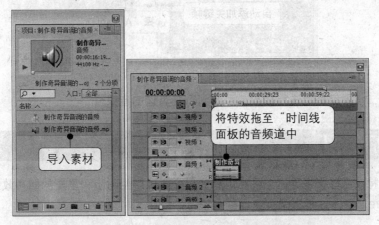

图 8.46　将素材拖至"时间线"面板中

Step 02 激活"效果"面板,选择"音频特效"|"立体声"| PitchShifter 特效,将其拖至"特效控
制台"面板中,如图 8.47 所示。

Step 03 在"特效控制台"面板中单击 PitchShifter 右侧的 按钮,在打开的下拉列表中选择 A quint
down 选项,分别单击"个别参数"下每个参数选项左侧的 按钮,打开动画关键帧的记录,如
图 8.47 所示。

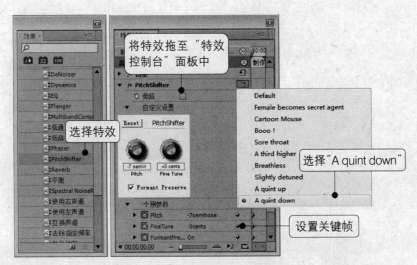

图 8.47　添加特效并设置关键帧

Step 04 将时间编辑标识线移至 00:00:13:12 的位置,单击 PitchShifter 右侧 按钮,在打开的下
拉列表中选择 A quint up 选项,此时在"个别参数"下自动添加了关键帧,如图 8.48 所示。

图 8.48　添加第二处关键帧

设置完成后，按下空格键进行播放，可听到奇异音调的音效。

8.8　课后练习

（1）＿＿＿＿＿特效能够产生延迟，用在电子音乐中可以产生同步和重复的回声效果。

（2）Premiere Pro CS5 提供了＿＿＿＿＿种音频特效。

第9章

文件输出

本章导读

在序列中完成了素材的编排剪辑，接下来需要把编辑好的节目输出成影片，本章主要介绍在 Adobe Premiere 中如何输出影片。

知识要点

✪ 认识"导出设置"面板   ✪ 设置导出单帧、音频

✪ 设置导出影片   ✪ 设置输出不同类型的文件

9.1 输出节目

编辑制作完成一个影片后，最后的环节就是输出文件，就像支持多种格式文件的导入一样，Premiere Pro CS5 可以将"时间线"面板中的内容以多种格式文件的形式渲染输出，以满足多方面的需要。可以选择把节目输出成为在电视上直接播放的电视节目，也可以输出为专门在计算机上播放的 AVI 格式文件、单帧图片序列或者动画文件。面对这么多的选择，如果不细心操作，就有可能影响输出文件。在设置文件的输出操作时，首先必须知道自己制作这个影视作品的目的，以及这个影视作品面向的对象，然后根据节目的应用场合和质量要求选择合适的输出格式。

9.1.1 设置输出基本选项

通常都需要将编辑的影片合成为一个 Premiere Pro CS5 中可以实时播放的影片，将其录制成录像带，或输出到其他媒介播放器中。

当一部影片合成之后，可以在计算机屏幕上播放，并通过视频卡将其输出到录像带上，也可以将它们输出到其他支持 Video for Windows 或 QuickTime 的应用中。

完成后的影片的质量取决于诸多因素，比如编辑所使用的图形压缩类型，输出的帧速率以及播放影片的计算机系统的速度等。

在合成影片前，需要在输出设置中对影片的质量进行相关设置，输出设置中大部分选项与项目的设置选项相同。

> **注 意**
>
> 项目设置是针对序列进行的，而输出设置是针对最终输出的影片进行的。

用户需要为系统指定如何合成一部影片，例如使用何种编辑格式等。

选择的编辑格式不同，可供输出的影片格式和压缩设置等也有所不同。

设置输出基本选项的步骤如下。

Step 01 在界面中激活需要输出的“时间线”面板序列，选择“文件”|“导出”|“媒体”命令，如图 9.1 所示，弹出“导出设置”对话框。

Step 02 在“导出设置”对话框中，可以对文件的输出格式、输出名称、输出路径等进行设置，如图 9.2 所示。

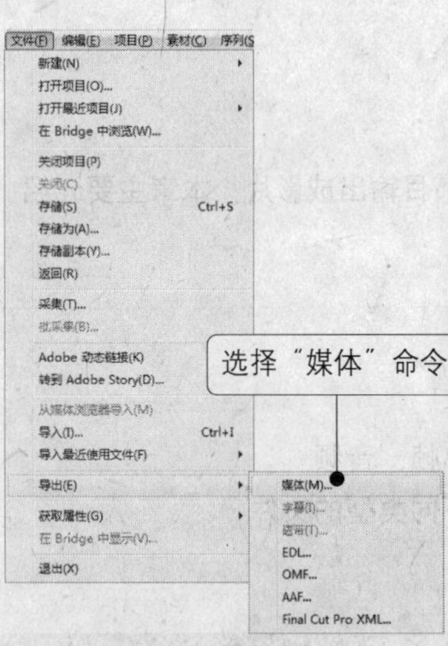

图 9.1 选择“导出”|“媒体”命令

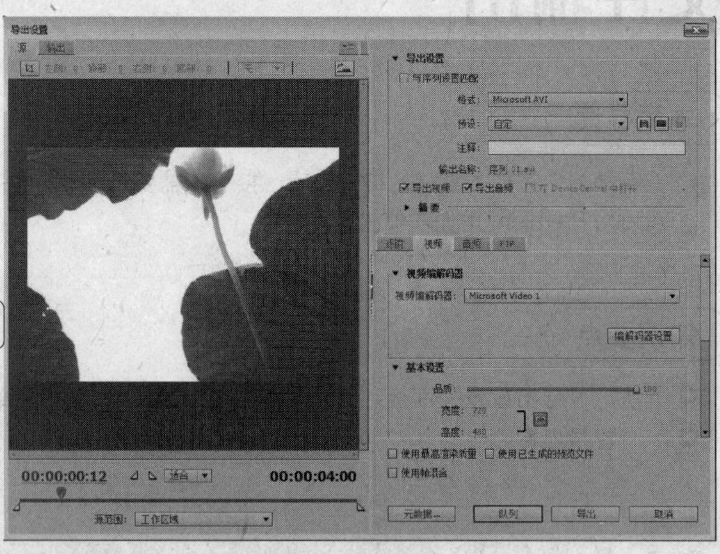

图 9.2 “导出设置”对话框

设置输出视频的文件类型，以便适应不同的需要。单击“格式”右侧的下三角按钮，在弹出的下拉列表中选择媒体文件的格式，常用格式如下。

- 输出 DV 格式的视频文件时，选择 Microsoft AVI。
- 输出基于 Windows 操作平台的视频文件时，选择 Microsoft AVI（Windows 格式的视频格式）。
- 输出基于 Mac OS 操作平台的视频时，选择 QuickTime（MAC 的视频格式）。
- 输出胶片时，选择 Filmstrip。利用胶片格式可以将 Adobe Premiere 中的影像输出，以便在 Adobe Photoshop 中进行逐帧的编辑。胶片文件是没有压缩的视频文件，会占用大量的磁盘空间。
- 选择动画 GIF，输出 GIF 动画文件。
- 选择 Windows 波形，只对影片的声音进行输出，输出的文件格式为 WAV 文件。
- 输出序列文件，Adobe Premiere 可以将节目输出为一组带有序列号的序列图片。这些文件由号码 01 开始顺序计数，并将号码补充到文件名中。输出序列图片后，可以使用胶片记录器将帧转换为电影，也可以在 Photoshop 等其他图形图像处理软件中编辑序列图片，然后再导入到 Premiere 中进行编辑。输出的单帧序列文件格式有 TIFF、Targa、GIF 以及 Windows 位图等。

提 示

“导出视频”、“导出音频”两个复选框用于设置在输出时是否输出视频、音频。

9.1.2 设置视频和音频输出

设置视频输出的操作步骤如下。

Step 01 在“导出设置”对话框中选择“视频”选项卡，进入“视频”选项卡设置面板，如图 9.3 所示。

Step 02 在"视频编解码器"选项组中单击右侧的下三角按钮，在下拉列表中选择用于影片压缩的编码解码器，选用的输出格式不同，对应的编码解码器也不同。

Step 03 在"基本设置"选项组中，可以设置"品质"、"帧速率"、"场类型"等。

图9.3 "视频"选项卡

- "品质"选项用于设置输出节目的质量。
- "宽度"和"高度"参数用于设置输出影片的视频大小。
- "帧速率"用于指定输出影片的帧速率。
- "场类型"下拉列表中提供了"逐行"、"上场优先"、"下场优先"选项。
- "纵横比"下拉列表中可设置输出影片的像素宽高比。
- 选择"以最大深度渲染"复选框，可以设置是以 8 位深度还是16 位深度进行渲染。

Step 04 在"高级设置"选项组中，可以设置"关键帧"、"优化静帧"选项。

- 勾选"关键帧"复选框，会增加"关键帧间隔"选项；"关键帧"间隔，用于压缩格式，以输入的帧数创建关键帧。
- "优化静帧"选项：优化长度超过一帧的静止图像。

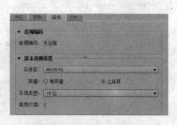

图9.4 "音频"选项卡

Step 05 切换到"音频"选项卡，设置输出音频的"采样率"、"声道"和"采样类型"等，图9.4 所示。

- **采样率**：在下拉列表中选择输出节目时所使用的采样速率。采样速率越高，播放质量越好，但需要较大的磁盘空间，并占用较多的处理时间。
- **采样类型**：在右侧的下拉列表中选择输出节目时所使用的声音量化位数。要获得较好的音频质量就要使用较高的量化位数。
- **声道**：选择采用单声道或者立体声。
- **音频交错**：指定音频数据如何插入视频帧中间。增加该值会使程序存储更长的声音片段，同时需要更大的内存容量。

设置完成后，单击"导出"按钮，开始对影片进行渲染输出，如图9.5 所示。

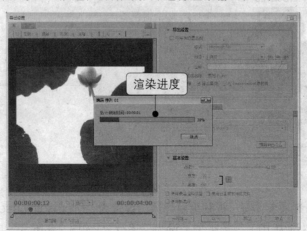

图9.5 导出影片

9.1.3 课堂实训——输出视频文件

Premiere Pro CS5 输出的种类主要有视频、音频、单帧、图像以及直接录制磁带等。

1. 合成节目

合成节目的操作步骤如下。

Step 01 打开一个需要输出为影片的项目文件，并激活"时间线"面板。

Step 02 选择"文件"|"导出"|"媒体"命令，弹出"导出设置"对话框，如图 9.6 所示。

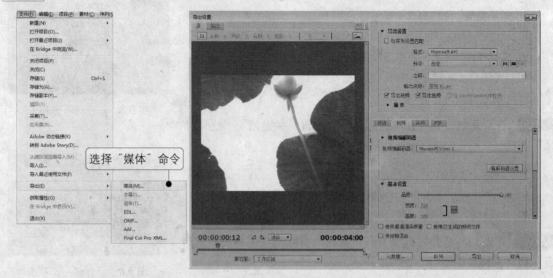

图 9.6 导出设置

Step 03 在"导出设置"选项组中设置格式为"Microsoft AVI"，单击"输出名称"右侧，在弹出的"另存为"对话框中为其指定输出文件的路径以及输出文件的名称，然后单击"保存"按钮，如图 9.7 所示。

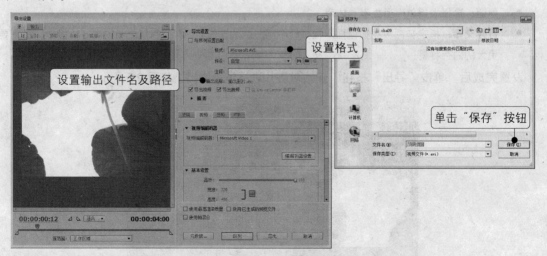

图 9.7 设置文件名及输出路径

Step 04 选择"视频"选项卡，将"视频编解码器"设置为"Microsoft Video 1"，在"基本设置"选项组中，将"品质"设为 100，"场类型"设为"逐行"，如图 9.8 所示。

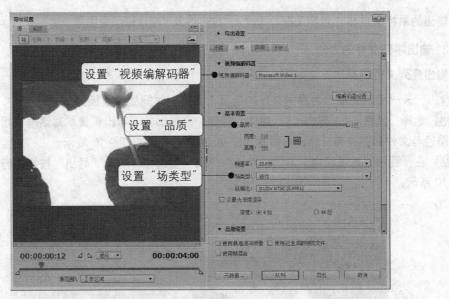

图 9.8   "视频"选项卡

Step 05 单击"导出"按钮，计算机开始渲染合成文件，此时会弹出渲染进度面板，变化的蓝色区域表示合成进程。

2. 输出单帧

输出单帧的操作步骤如下。

Step 01 打开一个需要输出为单帧的项目文件，激活"时间线"面板。

Step 02 选择"文件"|"导出"|"媒体"命令，在弹出的"导出设置"对话框中指定单帧文件的存储路径与文件名，将"格式"设置为"TIFF"格式，如图9.9所示。

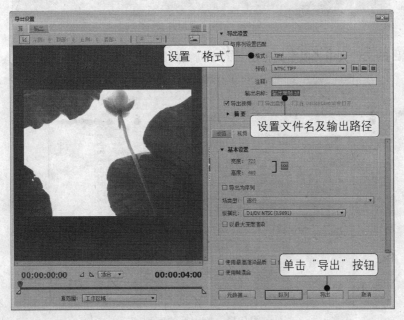

图 9.9   设置"单帧"格式

Step 03 在"视频"选项组中使用默认设置，单击"导出"按钮，输出单帧。

输出的单帧文件格式包括 TIFF、Targa、GIF 以及 Windows 位图等。

3. 输出序列文件的方法

输出序列文件的操作方法如下。

Step 01 打开一个需要输出为序列文件的项目，激活"时间线"面板。

Step 02 选择"文件"｜"导出"｜"媒体"命令，在弹出的"导出设置"对话框中指定序列文件的存储路径与文件名，并将"格式"设置为"Targa"格式，如图 9.10 所示。

Step 03 在"视频"选项组中，勾选"导出为序列"复选框，单击"导出"按钮进行渲染输出，如图 9.10 所示。

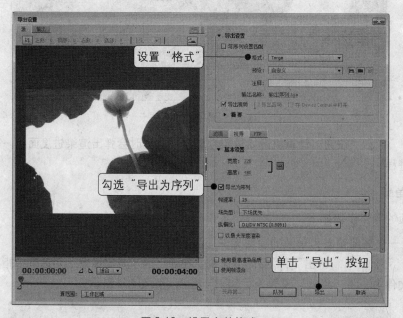

图 9.10　设置文件格式

Step 04 在输出的文件夹中可以看到输出后的序列，如图 9.11 所示。

图 9.11　输出后的序列

输出序列图片后，可以在 Photoshop 等其他图形图像处理软件中编辑序列图片，然后再将其导入 Premiere Pro CS5 进行编辑。

注 意

　　将格式定义为单帧适用格式，在"导出设置"对话框中的"视频"选项组中选中"导出为序列"复选框，即可输出一组带有序列号的序列图片。

4. 输出一个音频文件

Premiere Pro CS5 可以输出一个音频文件，操作步骤如下。

Step 01 打开一个需要输出音频文件的项目，激活"时间线"面板。

Step 02 选择"文件"|"导出"|"媒体"命令，在弹出的"导出设置"对话框中指定音频文件的存储路径与文件名，并将"格式"设置为"MP3"格式，如图 9.12 所示。

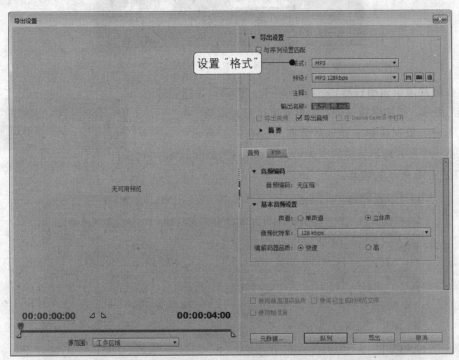

图 9.12　输出音频

9.2　在 Adobe Media Encoder 中设置视频和音频输出

　　Adobe Media Encoder CS5 是一个视频和音频编码应用程序，针对不同应用程序和观众，以各种分发格式对音频和视频文件进行编码，可以批处理多个视频和音频文件，并可以对批处理队列中的文件编码。

　　使用 Adobe Media Encoder CS5 输出影片的步骤如下。

Step 01 用户在"导出设置"对话框中设置好参数后，单击"队列"按钮，自动启动 Adobe Media Encoder CS5 软件，如图 9.13 所示。

Step 02 软件启动后，在界面中显示了要输出的文件，单击"开始队列"按钮，开始对影片进行渲染输出，在软件下方显示渲染信息、进度等，如图 9.14 所示。

图 9.13　启动 Adobe Media Encoder CS5 软件

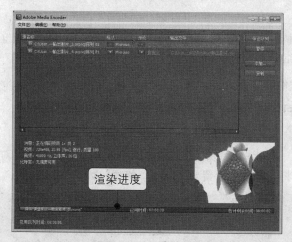

渲染进度

图 9.14　渲染输出影片

Step 03 在影片渲染输出过程中，可以单击"暂停"按钮暂停渲染，单击"继续"按钮继续渲染，如果要停止影片渲染，单击"停止队列"按钮，此时会弹出提示对话框，如图 9.15 所示。

Step 04 当一个影片输出完成后，Adobe Media Encoder CS5 中会显示如图 9.16 所示的信息。

图 9.15　提示对话框

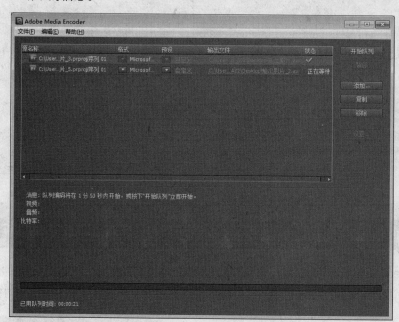

图 9.16　渲染完成

9.3　课后练习

（1）一般将"源范围"定义为_____。

（2）"场类型"包括_____、_____、_____ 3 个选项。

第10章

制作军事博览片头

本章导读

本章以片头的制作作为对前面所有章节内容的一个综合实践，综合训练读者的自由创作力。

知识要点

- ✪ 导入素材
- ✪ 创建设置新序列
- ✪ 创建设置字幕
- ✪ 设置素材
- ✪ 素材及特效的应用

10.1　导入素材

本章将应用前面基础知识制作一个军事博览的片头，其效果如图 10.1 所示。

图 10.1　片头效果

在制作本片头时，首先将素材导入到项目面板中。

Step 01　启用 Premiere Pro CS5，单击"新建项目"按钮，新建一个项目文件，进入界面。双击"项目"面板"名称"区域下空白处，在打开的对话框中选择"素材\Cha10"文件夹，单击"导入文件夹"按钮，如图 10.2 所示。

Step 02　在导入素材时，会弹出"导入分层文件"对话框，将"导入为"设置为单层，将后面所有分层文件都设置为单层，如图 10.3 所示。

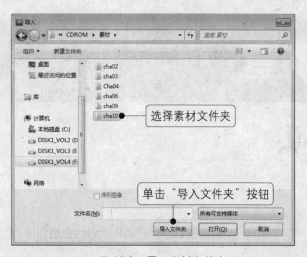

图 10.2 导入素材文件夹

图 10.3 导入分层文件

10.2 创建并设置字幕

Step 01 按下 Ctrl+T 键，新建字幕并将其命名为"军"，单击"确定"按钮进入字幕窗口。使用 T 按钮，在字幕设计栏中输入文本，在"字幕属性"区域中将"字体"设置为 FZXinKai-S04S，"字体大小"设置为 150；将"填充"区域下"颜色"的 RGB 设置为 170、169、169，勾选"光泽"左侧复选框，将"光泽"区域下"颜色"的 RGB 值设置为 242、242、242，"大小"设置为 100，"角度"设置为 5°，"偏移"设置为 10；勾选"阴影"左侧复选框，将"阴影"区域下的"颜色"的 RGB 值设置为 255、227、0，"角度"设置为-255，"距离"、"大小"、"扩散"分别设置为 4、4、1；在"字幕运作"栏中选择 和 按钮，将文本对齐，如图 10.4 所示。

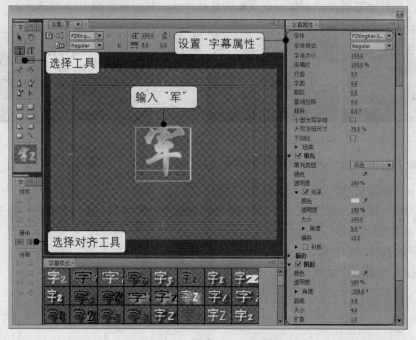

图 10.4 创建并设置字幕

Step 02 单击 按钮新建字幕，将其命令为"事"，在"字幕设计"栏中修改文本内容，如图 10.5

所示。使用同样的方法创建"博""览"字幕。

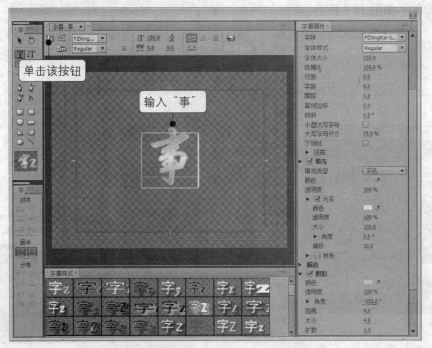

图 10.5 创建字幕

10.3 创建并设置"序列 02"

Step 01 在"项目"面板空白处单击鼠标右键，在弹出的快捷菜单中选择"新建分项"|"序列"命令新建序列，如图 10.6 所示。

Step 02 激活"序列 02"，选择"序列"|"添加轨道"命令，在打开的"添加视音轨"对话框中将"视频轨"设置为 4，"音频轨"设置为 0，如图 10.7 所示。

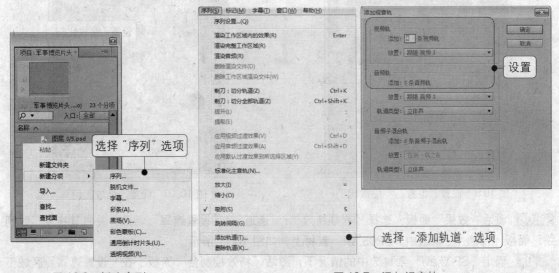

图 10.6 新建序列   图 10.7 添加视音轨

Step 03 在"项目"面板中将"SP05.avi"素材拖至"时间线"面板"视频 1"轨道中，右键单击该素材，在弹出的快捷菜单中选择"速度/持续时间"选项，在打开的对话框中将"持续时间"设置为 00:00:05:00，如图 10.8 所示。

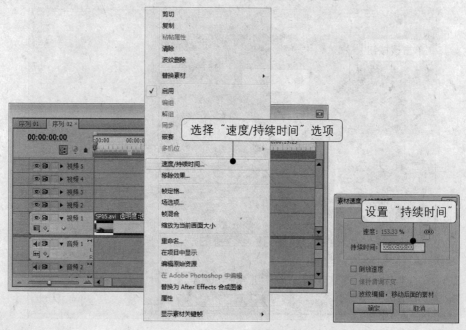

图 10.8　设置持续时间

Step 04　确定"SP05.avi"素材选中的情况下，激活"特效控制台"面板，将"运动"区域下的"位置"设置为 360、316，"缩放比例"设置为 105，如图 10.9 所示。

Step 05　在"项目"面板中将"9.jpg"素材拖至"时间线"面板"视频 2"轨道中，将其"缩放比例"设置为 149，如图 10.10 所示。

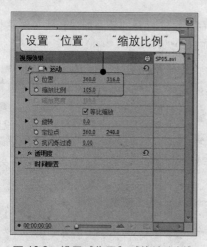

图 10.9　设置"位置"、"缩放比例"

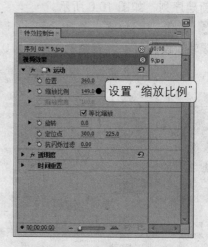

图 10.10　设置"缩放比例"

Step 06　激活"效果"面板，选择"视频特效"|"通道"|"设置遮罩"特效，并将其拖至"时间线"面板"视频 1"轨道中"SP05.avi"素材上，如图 10.11 所示。

Step 07　确定"SP05.avi"素材选中的情况下，激活"特效控制台"面板，在"设置遮罩"区域下将"从图层获取遮罩"设置为视频 2，"用于遮罩"设置为明亮度，如图 10.12 所示。在"时间线"面板中单击视频 2 轨道中的　按钮，视频 2 轨道中的素材显示。

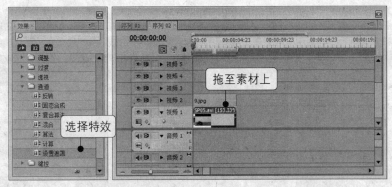

图 10.11　添加特效

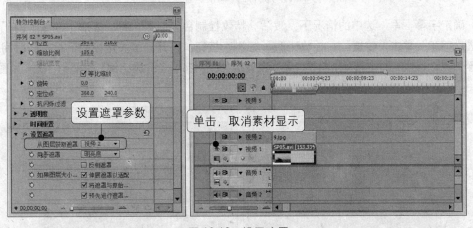

图 10.12　设置遮罩

Step 08　将"SP04.avi"素材拖至"时间线"面板"视频 3"轨道中,将其"持续时间"设置为 00:00:05:00,在"特效控制台"面板中将"位置"设置为 360、166,如图 10.13 所示。

Step 09　为"SP04.avi"素材添加"设置遮罩"特效,在"特效控制台"面板中,将"从图层获取遮罩"设置为视频 2,"用于遮罩"设置为明亮度,勾选"反相遮罩"左侧复选框,如图 10.14 所示。

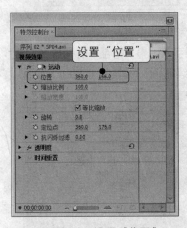

图 10.13　设置"位置"

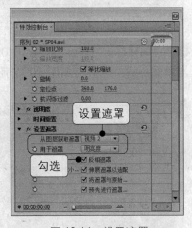

图 10.14　设置遮罩

Step 10　将时间编辑标识线移至 00:00:00:20 的位置处,在"项目"面板中将字幕"军"拖至"时间线"面板"视频 4"轨道中,与编辑标识线对齐,如图 10.15 所示,将其"持续时间"设置为 00:00:04:04。

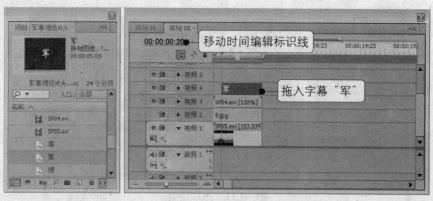

图 10.15　拖入字幕 "军"

Step 11 确定字幕 "军" 选中的情况下, 激活 "特效控制台" 面板, 将 "运动" 区域下的 "缩放比例" 设置为 600, 单击 "位置"、"缩放比例" 左侧 [图] 按钮, 打开动画关键帧的记录; 将时间编辑标识线移至 00:00:00:21 的位置处, 将 "位置" 设置为 132、240, "缩放比例" 设置为 100, 如图 10.16 所示。

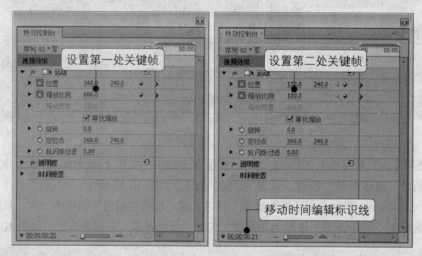

图 10.16　设置两处关键帧

Step 12 将时间编辑标识线移至 00:00:01:02 的位置处, 将字幕 "事" 拖至 "时间线" 面板 "视频 5" 轨道中, 与编辑标识线对齐, 如图 10.17 所示, 将其 "持续时间" 设置为 00:00:03:22。

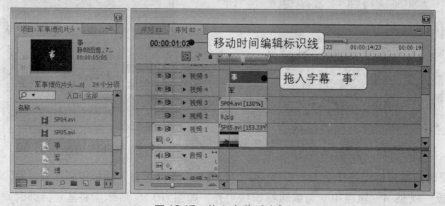

图 10.17　拖入字幕 "事"

Step 13 激活"特效控制台"面板，将"运动"区域下的"缩放比例"设置为 600，单击"位置"、"缩放比例"左侧 ⏱ 按钮，打开动画关键帧的记录；将时间编辑标识线移至 00:00:01:03 的位置处，将"位置"设置为 279、240，"缩放比例"设置为 100，如图 10.18 所示。

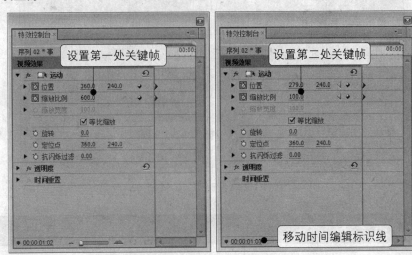

图 10.18　设置两处关键帧

Step 14 将时间编辑标识线移至 00:00:01:08 的位置处，将字幕"博"拖至"时间线"面板"视频 6"轨道中，与编辑标识线对齐，将其"持续时间"设置为 00:00:03:16，在"特效控制台"面板中，将"运动"区域下的"缩放比例"设置为 600，单击"位置"、"缩放比例"左侧的 ⏱ 按钮，打开动画关键帧的记录；将时间编辑标识线移至 00:00:01:09 的位置处，将"位置"设置为 433、240，"缩放比例"设置为 100，如图 10.19 所示。

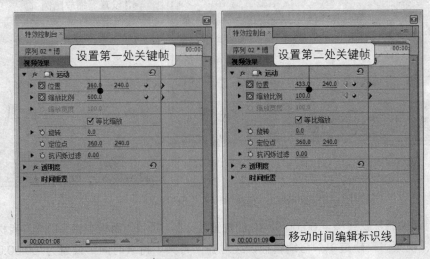

图 10.19　设置两处关键帧

Step 15 将时间编辑标识线移至 00:00:01:14 的位置处，将字幕"览"拖至"时间线"面板"视频 7"轨道中，与编辑标识线对齐，将其"持续时间"设置为 00:00:03:10，在"特效控制台"面板中将"缩放比例"设置为 600，单击"位置"、"缩放比例"左侧的 ⏱ 按钮，打开动画关键帧的记录；将时间编辑标识线移至 00:00:01:15 的位置处，将"位置"设置为 599、240，"缩放比例"设置为 100，如图 10.20 所示。

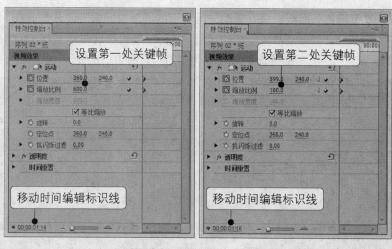

图 10.20　设置两处关键帧

10.4　设置素材

下面将在序列 01 中进行片头主要部分的制作。

Step 01　激活"序列 01"，在"项目"面板中将"SP01.avi"素材拖至"时间线"面板"视频 1"轨道中，将其"持续时间"设置为 00:00:02:00，激活"特效控制台"面板，将"运动"区域下的"缩放比例"设置为 128，如图 10.21 所示。

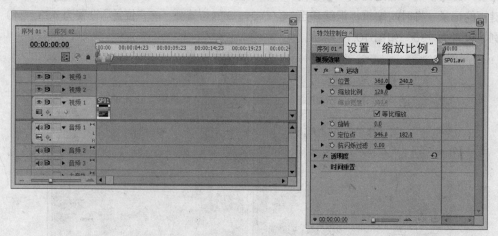

图 10.21　拖放并设置"SP01.avi"

Step 02　将时间编辑标识线移至 00:00:02:10 的位置处，在"项目"面板中将"1.jpg"素材拖至"时间线"面板"视频 1"轨道中，与编辑标识线对齐，将其"持续时间"设置为 00:00:05:14，如图 10.22 所示。

Step 03　确定"1.jpg"素材选中的情况下，激活"特效控制台"面板，将"运动"区域下的"位置"设置为 1200、782，单击其左侧的 ⓘ 按钮，打开动画关键帧的记录，将"缩放比例"设置为 41；将时间编辑标识线移至 00:00:07:04 的位置处，将"位置"设置为 360、240，如图 10.23 所示。

Step 04　将时间编辑标识线移至 00:00:01:00 的位置处，在"项目"面板中将"图层 4/4.psd"素材拖至"时间线"面板"视频 2"轨道中，与编辑标识线对齐，将其"持续时间"设置为 00:00:02:00，如图 10.24 所示。

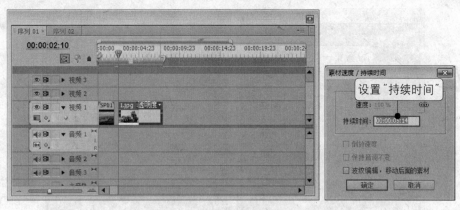

图 10.22　拖入并设置"1.jpg"

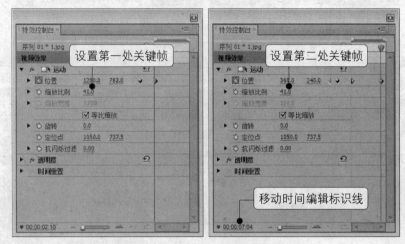

图 10.23　设置两处关键帧

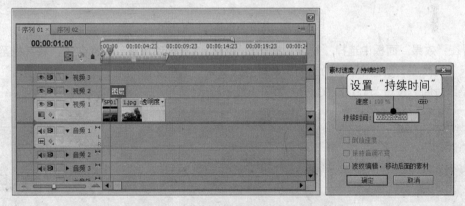

图 10.24　拖入并设置"图层 4/4.psd"

Step 05　为其添加"方向模糊"特效，在"特效控制台"面板中，将"运动"区域下的"位置"设置为 860、170，单击其左侧的 按钮，打开动画关键帧的记录，将"缩放比例"设置为 30，将"方向模糊"区域下的"方向"设置为 90，"模糊长度"设置为 22；将时间编辑标识线移至 00:00:03:00 的位置处，将"位置"设置为-125、170，如图 10.25 所示。

Step 06　将时间编辑标识线移至 00:00:04:04 的位置处，在"项目"面板中将"SP02.avi"素材拖至"时间线"面板"视频 2"轨道中，与编辑标识线对齐，将其"持续时间"设置为 00:00:03:00，在"特效控制台"面板中，将"位置"设置为 477、105，"缩放比例"设置为 62，如图 10.26 所示。

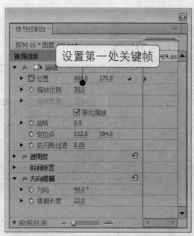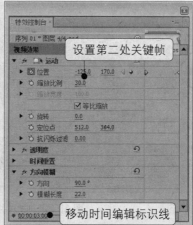

图 10.25 设置两处关键帧

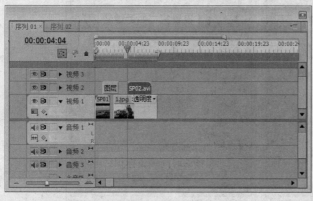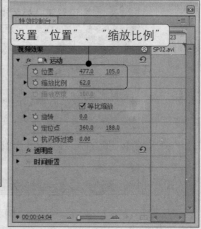

图 10.26 拖入并设置"SP02.avi"

Step 07 在"效果"面板中选择"视频切换"|"叠化"|"抖动溶解"切换效果，将其拖至"时间线"面板"视频 2"轨道中"SP02.avi"素材的开始处，选中切换效果，在"特效控制台"面板中将其"持续时间"设置为 00:00:00:20，如图 10.27 所示。

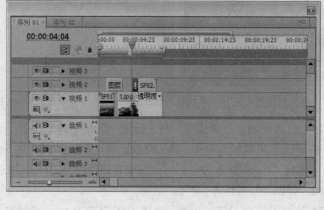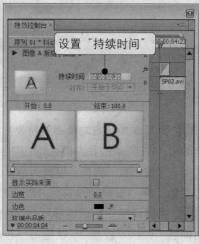

图 10.27 拖入并设置切换效果

Step 08 将时间编辑标识线移至 00:00:01:12 的位置处，将"SP03.avi"素材拖至"时间线"面板"视频 3"轨道中，与编辑标识线对齐，将其"持续时间"设置为 00:00:03:00，在"特效控制台"面板中，将"位置"设置为 1079、240；将时间编辑标识线移至 00:00:03:00 的位置处，将"位置"设置为 360、240，如图 10.28 所示。

Step 09 选择"序列"|"添加轨道"命令，在打开的"添加视音轨"对话框中，添加 3 条视频轨，0 条音频轨，如图 10.29 所示。

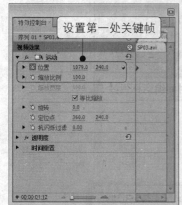
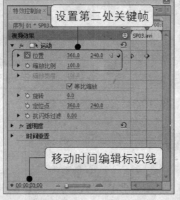
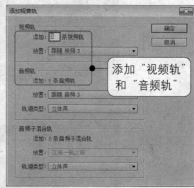

图 10.28　设置两处关键帧　　　　　　　　　图 10.29　添加视频轨

Step 10 将时间编辑标识线移至 00:00:03:23 的位置处，在"项目"面板中将"3.jpg"素材拖至"时间线"面板"视频 4"轨道中，与编辑标识线对齐，将其"持续时间"设置为 00:00:03:05，为其添加"高斯模糊"特效，如图 10.30 所示。

图 10.30　添加"高斯模糊"特效

Step 11 确定"3.jpg"素材选中的情况下，激活"特效控制台"面板，将"运动"区域下的"位置"设置为 275、322，"缩放比例"设置为 0，单击"位置"、"缩放比例"左侧的 按钮，打开动画关键帧的记录，将"高斯模糊"区域下的"模糊度"设置为 50，单击其左侧的 按钮，打开动画关键帧的记录；将时间编辑标识线移至 00:00:07:04 的位置处，将"位置"设置为 205、350，"缩放比例"设置为 38，"模糊度"设置为 0，如图 10.31 所示。

Step 12 将时间编辑标识线移至 00:00:00:14 的位置处，在"项目"面板中将"7.jpg"素材拖至"时间线"面板"视频 5"轨道中，与编辑标识线对齐，将其"持续时间"设置为 00:00:03:09，并为其添加"羽化边缘"特效，如图 10.32 所示。

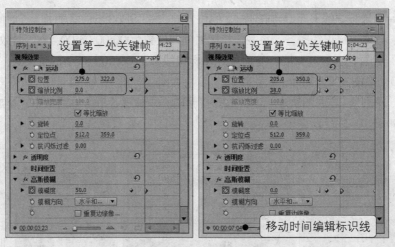

图 10.31 设置两处关键帧

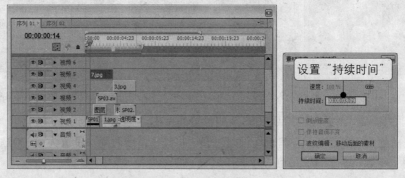

图 10.32 拖入 "7.jpg" 素材

Step 13 确定 "7.jpg" 素材选中的情况下，激活 "特效控制台" 面板，将 "位置" 设置为 163、100，"缩放比例" 设置为 35，"旋转" 设置为 0，单击 "位置"、"旋转" 左侧的 按钮，打开动画关键帧记录，将 "羽化边缘" 区域下的 "数量" 设置为 40；将时间编辑标识线移至 00:00:03:04 的位置处，将 "位置" 设置为 546、366，"旋转" 设置为 360，如图 10.33 所示。

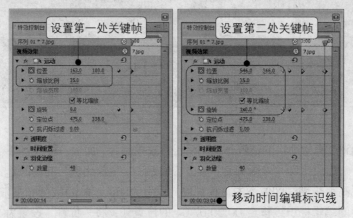

图 10.33 设置两处关键帧

Step 14 将时间编辑标识线移至 00:00:02:00 的位置处，在 "项目" 面板中将 "8.jpg" 素材拖至 "时间线" 面板 "视频 6" 轨道中，与编辑标识线对齐，将其 "持续时间" 设置为 00:00:01:23，为其添加 "羽化边缘" 特效，如图 10.34 所示。

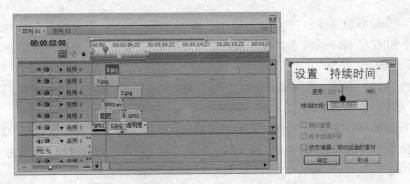

图 10.34 拖入并设置 "8.jpg"

Step 15 确定 "8.jpg" 素材选中的情况下，激活 "特效控制台" 面板，将 "位置" 设置为-200、622，单击其左侧的 按钮，打开动画关键帧记录，将 "缩放比例" 设置为 40，将 "羽化边缘" 区域下的 "数量" 设置为 50；将时间编辑标识线移至 00:00:03:23 的位置处，将 "位置" 设置为 678、-125，如图 10.35 所示。

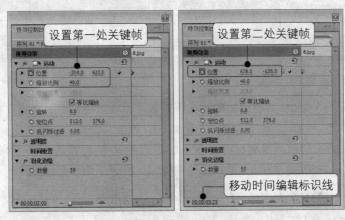

图 10.35 设置两处关键帧

Step 16 将时间编辑标识线移至 00:00:08:00 的位置处，将 "2.jpg" 素材拖至 "时间线" 面板 "视频 1" 轨道中，与编辑标识线对齐，将其 "持续时间" 设置为 00:00:04:20，将 "缩放比例" 设置为 122，如图 10.36 所示。

Step 17 激活 "效果" 面板，选择 "视频切换" ｜ "擦除" ｜ "水波块" 切换效果，将其拖至 "时间线" 面板 "视频 1" 轨道中的 "1.jpg"、"2.jpg" 素材的中间，如图 10.37 所示。

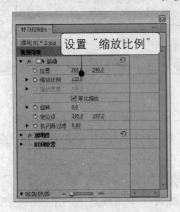

图 10.36 设置 "缩放比例"

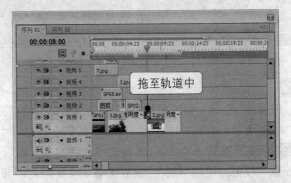

图 10.37 添加切换效果

Step 18 将时间编辑标识线移至 00:00:12:20 的位置处，将 "3.jpg" 素材拖至 "时间线" 面板 "视频 1" 轨道中，如图 10.38 所示，与编辑标识线对齐，将其 "持续时间" 设置为 00:00:02:00，将 "缩放比例" 设置为 67。

Step 19 激活 "效果" 面板，选择 "视频切换" | "擦除" | "随机擦除" 切换效果，将其拖至 "时间线" 面板 "视频 1" 轨道中的 "3.jpg" 素材的开始处，如图 10.38 所示。

Step 20 将时间编辑标识线移至 00:00:07:20 的位置处，在 "项目" 面板中将 "图层 0/5.psd" 素材拖至 "时间线" 面板 "视频 2" 轨道中，与编辑标识线对齐，将其 "持续时间" 设置为 00:00:02:00，如图 10.39 所示。

图 10.38　添加切换效果　　　　　　图 10.39　拖入 "图层 0/5.psd"

Step 21 确定 "图层 0/5.psd" 素材选中的情况下，激活 "特效控制台" 面板，将 "运动" 区域下的 "位置" 设置为 755、-10，"缩放比例" 设置为 10，单击 "位置"、"缩放比例" 左侧的 按钮，打开动画关键帧的记录；将时间编辑标识线移至 00:00:08:20 的位置处，将 "位置" 设置为 326、312，单击 "透明度" 右侧的 按钮，添加一处关键帧；将时间编辑标识线移至 00:00:09:20 的位置处，将 "缩放比例" 设置为 220，"透明度" 设置为 0，如图 10.40 所示。

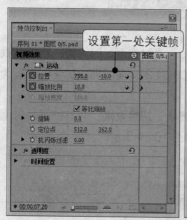 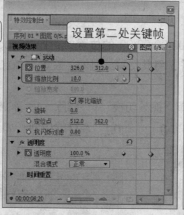 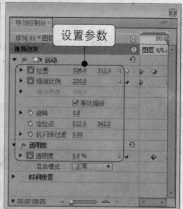

图 10.40　设置关键帧

Step 22 将时间编辑标识线移至 00:00:08:20 的位置处，在 "项目" 面板中将 "图层 4/4.psd" 素材拖至 "时间线" 面板 "视频 3" 轨道中，与编辑标识线对齐，将其 "持续时间" 设置为 00:00:02:00，如图 10.41 所示。

Step 23 确定 "图层 4/4.psd" 素材选中的情况下，激活 "特效控制台" 面板，将 "运动" 区域下的 "位置" 设置为-37、456，"缩放比例" 设置为 10，单击 "位置"、"缩放比例" 左侧的 按钮，打开动画关键帧的记录；将时间编辑标识线移至 00:00:09:20 的位置处，将 "位置" 设置为 400、

-210，单击"透明度"右侧的  按钮，添加一处关键帧；将时间编辑标识线移至 00:00:10:20 的位置处，将"缩放比例"设置为220，"透明度"设置为0，如图 10.42 所示。

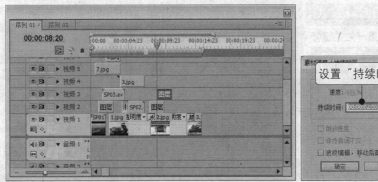

图 10.41　拖入"图层 4/4.psd"

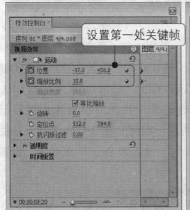
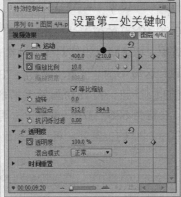
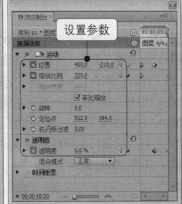

图 10.42　设置关键帧

Step 24 将时间编辑标识线移至 00:00:09:20 的位置处，在"项目"面板中将"图层 0/6.psd"素材拖至"时间线"面板"视频 4"轨道中，与编辑标识线对齐，将其"持续时间"设置为 00:00:02:00，如图 10.43 所示。

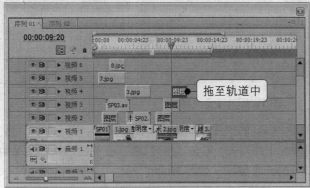

图 10.43　拖入"图层 0/6.psd"

Step 25 确定"图层 0/6.psd"素材选中的情况下，激活"特效控制台"面板，将"运动"区域下的"位置"设置为-50、-36，"缩放比例"设置为10，单击"位置"、"缩放比例"左侧的  按钮，打开动画关键帧的记录；将时间编辑标识线移至 00:00:10:20 的位置处，将"位置"设置为 480

295，单击"透明度"右侧的 ☑ 按钮，添加一处关键帧；将时间编辑标识线移至 00:00:11:20 的位置处，将"缩放比例"设置为 220，"透明度"设置为 0，如图 10.44 所示。

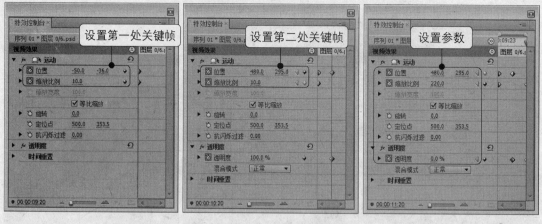

图 10.44　设置关键帧

Step 26　将时间编辑标识线移至 00:00:10:20 的位置处，在"项目"面板中将"图层 3/4.psd"素材拖至"时间线"面板"视频 5"轨道中，与编辑标识线对齐，将其"持续时间"设置为 00:00:02:00；激活"特效控制台"面板，将"运动"区域下的"位置"设置为 780、495，"缩放比例"设置为 10，单击"位置"、"缩放比例"左侧的 ☑ 按钮，打开动画关键帧的记录；将时间编辑标识线移至 00:00:11:20 的位置处，将"位置"设置为 536、376，单击"透明度"右侧的 ☑ 按钮，添加一处关键帧；将时间编辑标识线移至 00:00:12:20 的位置处，将"缩放比例"设置为 220，"透明度"设置为 0，如图 10.45 所示。

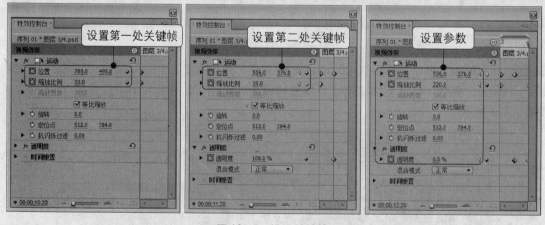

图 10.45　设置关键帧

Step 27　将时间编辑标识线移至 00:00:14:20 的位置处，在"项目"面板中将"序列 02"拖至"时间线"面板"视频 1"轨道中，与编辑标识线对齐，右击"序列 02"，在弹出的快捷菜单中选择"解除视音频链接"选项，将"序列 02"的音频删除，如图 10.46 所示。

Step 28　激活"效果"面板，选择"视频切换"|"叠化"|"随机反相"切换效果，将其拖至"时间线"面板"视频 1"轨道中"序列 02"的开始处，选中"随机反相"切换效果，在"特效控制台"面板中，将"对齐"设置为居中于切点，如图 10.47 所示。

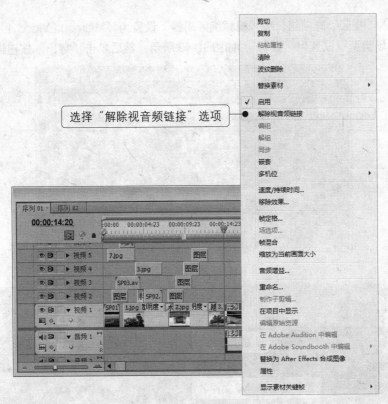

选择"解除视音频链接"选项

图 10.46　解除视音频链接

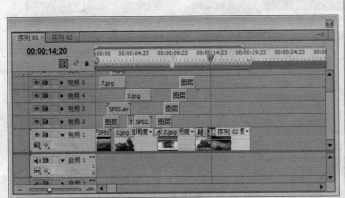

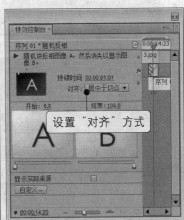

设置"对齐"方式

图 10.47　添加并设置切换效果

10.5　导入音频及导出影片

此时视频已经设置完成，下面将添加并设置音频素材。

Step 01　将时间编辑标识线移至 00:00:00:00 的位置处，在"项目"面板中将"背景音效.mp3"拖至"时间线"面板"音频 1"轨道中；将时间编辑标识线移至 00:00:19:20 的位置处，使用 工具，将音频多余部分裁剪删除，完成后的效果如图 10.48 所示。

Step 02　激活"时间线"面板，选择"文件"|"导出"|"媒体"命令，打开"导出设置"对话框，在"导出设置"区域下，将"格式"设置为 Microsoft AVI，在"输出名称"位置设置文件名及

输出路径；进入"视频"选项组，将"视频编解码器"设置为"Microsoft Video 1"，将 "品质"
设置为100，"场类型"设置为"逐行"，如图 10.49 所示，然后单击"导出"按钮进行渲染输出。

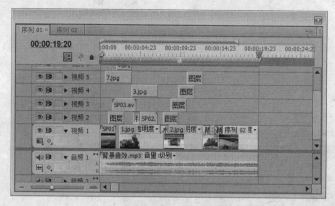

图 10.48　拖入并裁剪音频

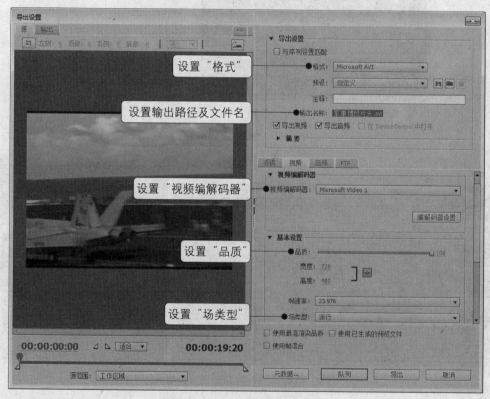

图 10.49　导出设置

第11章

制作旅游专题短片

本章导读

　　本章主要讲解了对字幕的编辑以及对特效的综合使用，这对作者提高综合的实践能力有很大的帮助。

知识要点

- ✪ 导入素材
- ✪ 新建"文件夹"
- ✪ 设置素材的关键帧

- ✪ 创建并设置字幕
- ✪ 音频的导入
- ✪ 素材间的搭配及音频的使用

11.1 导入并设置素材

　　本例将应用前面的基础知识制作一个关于旅游专题短片的片头，其效果如图 11.1 所示。

图 11.1　旅游专题短片效果

　　下面将本例所需要的素材导入到项目文件中。

11.1.1 拖入并设置关于"背景"素材

　　下面将拖入并设置"背景"素材。

Step 01　启用 Premiere Pro CS5，单击"新建项目"按钮新建一个项目文件，进入界面。双击"项目"面板"名称"区域下空白处，在打开的对话框中选择"素材\Cha11\山东旅游"文件夹，单击"导入文件夹"按钮，如图 11.2 所示。

Step 02　在"项目"面板中，将"背景.jpg"文件选中并拖至"时间线"面板"视频 1"轨道中。将时间编辑标识线移至 00:00:06:15 的位置，拖动"背景.jpg"文件的结束处与编辑标识线对齐，如图 11.3 所示。

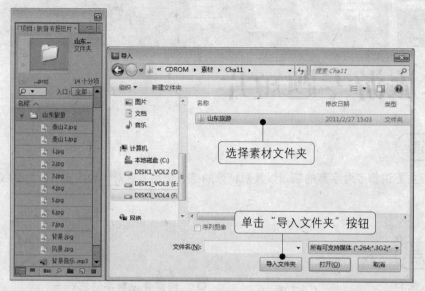

图 11.2 导入"素材"文件夹

Step 03 激活"特效控制台"面板，将"运动"区域下的"缩放比例"值设置为 89，如图 11.4 所示。

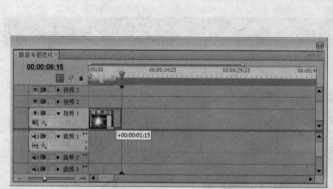

图 11.3 拖动素材

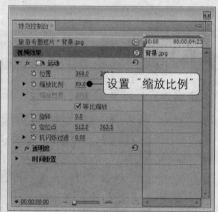

图 11.4 设置"缩放比例"

11.1.2 创建并设置"山东旅游"字幕

创建"山东旅游"字幕的操作步骤如下。

Step 01 按下 Ctrl+T 键，打开"新建字幕"对话框，将字幕命名为"山东旅游"，单击"确定"按钮进入字幕窗口。

Step 02 选择"字幕工具"区域中的 T 按钮，在字幕编辑区域中输入"山东"，回车，再按三下空格键，输入"旅游"两个字，将其放置在如图 11.5 所示的位置。选中文字，按下"字幕样式"区域中的"Lithos Gold strokes 52"样式，然后在"字幕属性"区域中将"属性"下的"字体"定义为"HYShuTongJ"，调整它的位置后关闭字幕窗口。

Step 03 在"项目"面板中，将"山东旅游"拖至"时间线"面板"视频 2"轨道中，并将时间编辑标识线移至 00:00:01:18 的位置，拖动"山东旅游"的结束处与编辑标识线对齐，如图 11.6 所示。

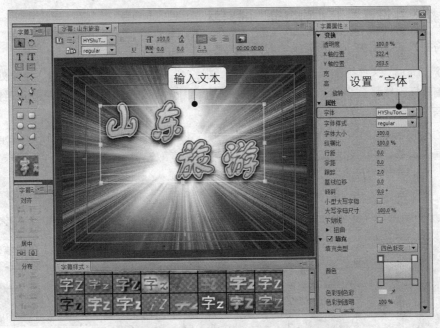

图 11.5　设置"山东旅游"字幕

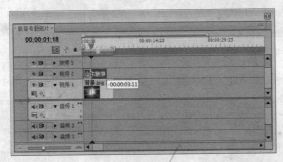

图 11.6　拖动"山东旅游"的结束处

Step 04　在确定"山东旅游"被选中的情况下，为其添加"百叶窗"特效。将时间编辑标识线移至 00:00:01:00 的位置，激活"特效控制台"面板，单击"过渡完成"左侧的 ⏱ 按钮，打开动画关键帧的记录，将"宽度"设置为 26，如图 11.7 所示。

Step 05　将时间编辑标识线移至 00:00:01:15 的位置，在"特效控制台"面板中将"过渡完成"设置为 100%，如图 11.7 所示。

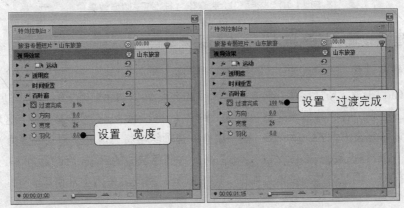

图 11.7　设置两处关键帧

11.1.3 拖入并设置关于"趵突泉"的素材

下面将拖入并设置关于"趵突泉"的素材文件。

Step 01 将"1.jpg"文件拖至"时间线"面板中"视频2"轨道中与"山东旅游"结束处对齐。然后将时间编辑标识线移至00:00:04:05的位置，拖动"1.jpg"文件的结束处与编辑标识线对齐，如图11.8所示。

Step 02 激活"特效控制台"面板，将"运动"下的"位置"设置为539.9、121.3，取消"等比缩放"复选框的勾选，将"缩放高度"设置为84"缩放宽度"设置为78，如图11.9所示。

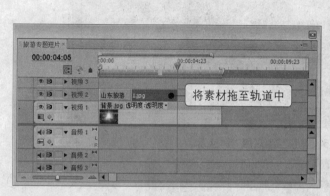

图 11.8 拖动"1.jpg"文件的结束处　　　　　　图 11.9 调整素材"位置"

Step 03 为"1.jpg"的开始处添加"交叉叠化（标准）"切换效果，如图11.10所示。

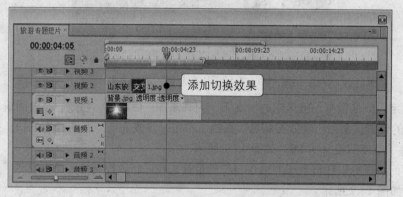

图 11.10 添加"交叉叠化（标准）"切换效果

11.1.4 创建并设置"趵突泉1"、"趵突泉2"

下面将创建并设置"趵突泉1"、"趵突泉2"字幕。

Step 01 按下Ctrl+T键，新建字幕并将其命名为"趵突泉1"，单击"确定"按钮，进入字幕窗口。
Step 02 使用 T 工具，在字幕编辑区域中输入"趵突"，将其选中，在"字幕属性"区域中，将"属性"下的"字体"定义为HYShuTongJ，在"填充"选项组中将"填充类型"设置为"线型渐变"将左侧色块的RGB值设置为223、242、255，将"右侧色块"的RGB值设置为13、169、242，单击"确定"按钮，调整文本的位置，如图11.11所示。完成后关闭字幕窗口。

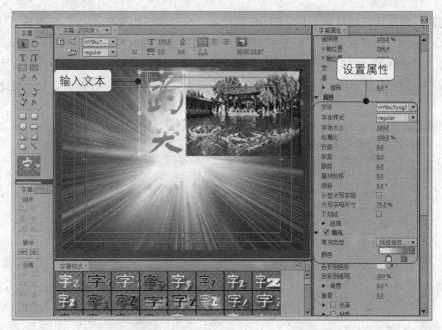

图 11.11　设置"趵突泉 1"字幕

Step 03　按下 Ctrl+T 键，新建字幕，将新建的字幕命名为"趵突泉 2"，将字幕编辑区域中，使用 T 工具，输入"泉"字，单击"字幕样式"区域中的"Caslon Red 84"样式，在"字幕属性"区域中，将"属性"下的"字体"定义为 FZShu Ti，将"字体大小"设置为 169，将"填充"选项组中"填充类型"设置为"实色"，"颜色"RGB 值设置为 98、190、230，在"阴影"选项组中，将"颜色"RGB 值设置为 4、113、132，如图 11.12 所示，设置"泉"字的位置。

Step 04　关闭字幕窗口，下面添加"视频轨道"，选择"序列"|"添加轨道"命令，在打开的对话框中，添加 2 条视频轨，不添加"音频轨"，如图 11.13 所示，单击"确定"按钮。

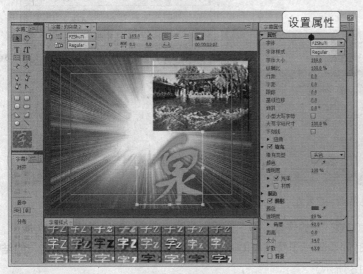

图 11.12　设置"趵突泉 2"字幕

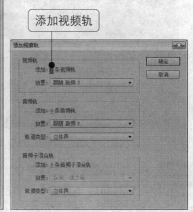

图 11.13　添加视频轨

技 巧

　　除了使用"添加视音轨"对话框添加轨道外，还可以直接将素材拖至"时间线"面板"视频 3"轨道的上方深灰色处，它会自动添加视频轨道。

Step 05 将时间编辑标识线移至 00:00:01:18 的位置,分别将"趵突泉 1"、"趵突泉 2"拖到"时间线"面板"视频 3"、"视频 4"轨道中,将它们与编辑标识线对齐,如图 11.14 所示,为"趵突泉 1"添加"彩色浮雕"特效,将"方向"设置为 88,"凸现"设置为 3.9,"对比度"为 100。为"趵突泉 2"添加"彩色浮雕"特效,将"方向"设置为 138,"凸现"设置为 3.1,"对比度"设置为 99。

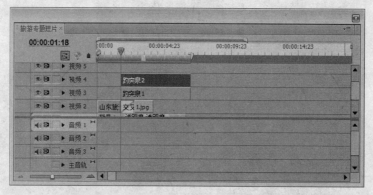

图 11.14 拖入"趵突泉 1"、"趵突泉 2"

Step 06 将时间编辑标识线移至 00:00:04:05 的位置,在"时间线"面板中,拖动"趵突泉 1"的结束处与编辑标识线对齐,如图 11.15 所示。

Step 07 将时间编辑标识线移至 00:00:01:18 的位置,激活"特效控制台"面板,将"位置"设置为 360、-50,并单击其左侧的 按钮,打开动画关键帧的记录,如图 11.16 所示。

技 巧

除了设置"特效控制台"面板中的"位置"外,读者可以将"运动"区域选中,在"节目监视器"窗口中,直接拖动 到想调至的位置。

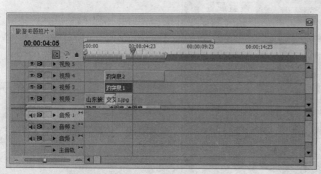

图 11.15 调整"趵突泉 1"结束处

图 11.16 设置第一处关键帧

Step 08 将时间编辑标识线移至 00:00:02:23 的位置,将"位置"设置为 360、239,如图 11.17 所示。

Step 09 在"时间线"面板中,将时间编辑标识线移至 00:00:04:15 的位置,拖动"趵突泉 2"的结束处与编辑标识线对齐,如图 11.18 所示。

Step 10 将时间编辑标识线移至 00:00:02:03 的位置,激活"特效控制台"面板,将"运动"区域下的"缩放比例"设置为 0,并单击其左侧的 按钮,打开动画关键帧的记录,如图 11.19 所示。

Step 11 将时间编辑标识线移至 00:00:02:23 的位置,将"缩放比例"设置为 100,如图 11.20 所示。

Step 12 将"2.jpg"文件拖至"时间线"面板"视频 2"轨道中与"1.jpg"文件结束处对齐,如

图 11.21 所示。选中 "2.jpg" 文件，激活 "特效控制台" 面板，取消 "等比缩放" 复选框的勾选，将 "缩放高度" 设置为120 "缩放宽度" 设置为69，如图 11.22 所示。将时间编辑标识线移至 00:00:04:05 的位置，将 "位置" 设置为 "210、701" 并单击其左侧的 ⏱ 关键帧按钮，将时间编辑标识线移至 00:00:06:00，将 "位置" 设置为 212.2、244。为 "2.jpg" 添加 "高斯模糊" 特效，将时间编辑标识线移至 00:00:04:05 的位置，将 "模糊度" 设置为 15，并单击其左侧的 ⏱ 关键帧按钮，将时间编辑标识线移至 00:00:06:00 的位置，将 "模糊度" 设置为 0。

图 11.17　设置第二处关键帧

图 11.18　调整 "趵突泉2" 结束处

图 11.19　设置第一处关键帧

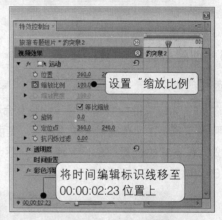

图 11.20　设置第二处关键帧

图 11.21　拖入 "2.jpg" 文件

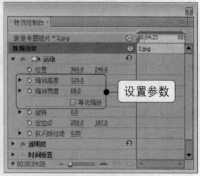

图 11.22　调整 "缩放比例"

Step 13 将时间编辑标识线移至 00:00:06:01 的位置，拖动 "2.jpg" 文件的结束处与编辑标识线对齐，如图 11.23 所示。

图 11.23 调整 "2.jpg"

Step 14 将 "白场过渡" 切换效果拖至 "1.jpg"、"2.jpg" 文件的中间位置，并将其选中，激活 "特效控制台" 面板，将 "持续时间" 设置为 00:00:00:19，如图 11.24 所示。

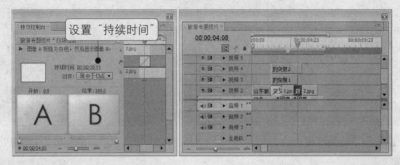

图 11.24 添加并设置 "白场过渡"

11.1.5 创建并设置 "美丽泰安"

下面将创建并设置 "美丽泰安" 字幕。

Step 01 按下 Ctrl+T 键，新建字幕，并将其命名为 "美丽泰安"，单击 "确定" 按钮，进入字幕窗口。使用 T 工具，在字幕编辑区域中输入 "美丽"，单击 "字幕样式" 区域中的 "Brush Script Black 75" 样式，设置它的位置，在 "字幕属性" 区域中将 "字体" 设置为 "HYXueJunJ" "字体大小" 设置为 69，如图 11.25 所示。

图 11.25 设置 "美丽泰安" 字幕

Step 02 使用 ⊺ 工具,在字幕编辑区域中输入"泰安",单击"字幕样式"区域中的"Tekton Pro Yellow 93"样式,在"字幕属性"区域中,将"字体"设置为 FZCaiYun-M09S,将"字体大小"设置为 123,调整它的位置,如图 11.26 所示,关闭字幕窗口。

图 11.26　输入"泰安"

Step 03 将"美丽泰安"拖至"时间线"面板"视频 3"轨道中与"趵突泉 1"结束处对齐,如图 11.27 所示。

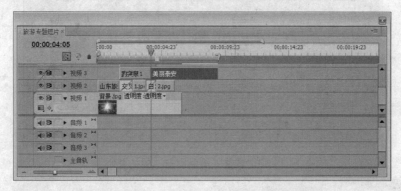

图 11.27　拖入"美丽泰安"

Step 04 将"白场过渡"切换效果拖至"趵突泉 1"、"美丽泰安"的中间位置,将其选中,在"特效控制台"面板中,将"持续时间"设置为 00:00:00:19,如图 11.28 所示。

Step 05 为"趵突泉 2"的结束处添加"白场过渡"切换效果,并将其选中,在"特效控制台"面板中,将"持续时间"设置为 00:00:00:19,如图 11.29 所示。

Step 06 将时间编辑标识线移至 00:00:06:15 的位置,拖动"美丽泰安"的结束处与编辑标识线对齐,如图 11.30 所示。

Step 07 为"美丽泰安"的结束处添加"翻转"切换效果,并将其"持续时间"设置为 00:00:00:15,如图 11.31 所示。

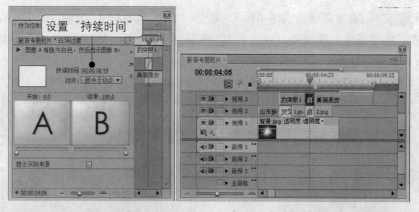

图 11.28　添加并设置"白场过渡"

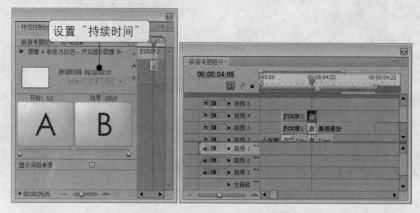

图 11.29　添加"白场过渡"切换效果

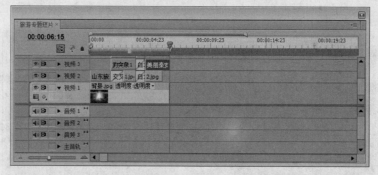

图 11.30　调整"美丽泰安"的结束处

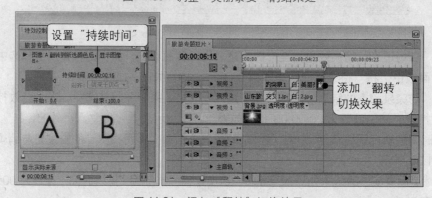

图 11.31　添加"翻转"切换效果

11.1.6 拖入并设置素材

拖入并设置素材文件。

Step 01 将 "3.jpg" 文件拖至 "时间线" 面板 "视频 2" 轨道中与 "2.jpg" 文件的结束处对齐，如图 11.32 所示。

Step 02 将 "3.jpg" 文件选中，激活 "特效控制台" 面板，取消 "运动" 区域下 "等比缩放" 复选框的勾选，将 "缩放高度" 设置为 129，"缩放宽度" 设置为 118，如图 11.33 所示。

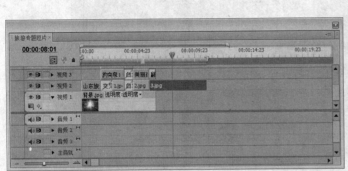

图 11.32　拖入 "3.jpg" 文件　　　　　图 11.33　设置素材的 "缩放比例"

Step 03 将 "推" 切换效果添加至 "2.jpg"、"3.jpg" 文件的中间位置，如图 11.34 所示。

Step 04 为了方便管理，在 "项目" 面板中，单击 "新建文件夹" 按钮，新建文件夹，并将其命名为 "字幕"，将 "山东旅游"、"趵突泉 1"、"趵突泉 2"、"美丽泰安" 拖至 "字幕" 文件夹内，如图 11.35 所示。

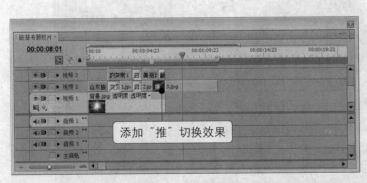

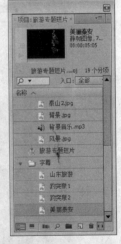

图 11.34　添加 "推" 切换效果　　　　图 11.35　对字幕进行管理

> **注 意**
>
> 后面创建的所有字幕都拖至 "字幕" 文件夹中。

11.1.7 创建并设置 "威海"、"曲阜"

下面将创建并设置 "威海"、"曲阜" 字幕。

Step 01 按下 Ctrl+T 键，新建字幕，并将其命名为 "威海"，单击 "确定" 按钮，进入界面。使用 T

工具，在字幕编辑区域中，分别输入"威海 摩天岭"，如图 11.36 所示，选中"威海 摩天岭"，单击"字幕样式"区域中的"Caslon Italic Bluesky 64"样式，在"字幕属性"区域中，将"字体"设置为"HYBai Qing J"，选中"威海"，将"字体大小"设置为 82，选中"摩天岭"将"字体大小"设置为 69，调整它们的位置，如图 11.37 所示，关闭字幕窗口。

图 11.36　创建文本

图 11.37　设置并调整文本

Step 02　将时间编辑标识线移至 00:00:06:15 的位置，将"威海"拖至"时间线"面板"视频 3"轨道中与编辑标识线对齐。再将时间编辑标识线移至 00:00:09:03 的位置，拖动"3.jpg"文件的结束处与编辑标识线对齐，如图 11.38 所示。

Step 03　确定时间编辑标识线位于 00:00:09:03 的位置，拖动"威海"的结束处与编辑标识线对齐，如图 11.39 所示。

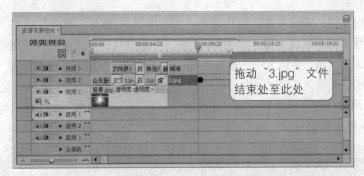

图 11.38　拖动 3.jpg 结束处与编辑标识线对齐

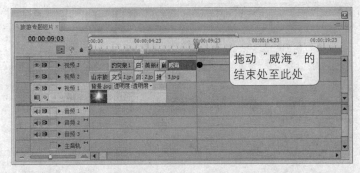

图 11.39　拖动"威海"的结束处与编辑标识线对齐

Step 04　将"4.jpg"文件拖至"时间线"面板"视频 2"轨道中，与"3.jpg"文件结束处对齐，在"特效控制台"面板中将"缩放比例"设置为 88，如图 11.40 所示。

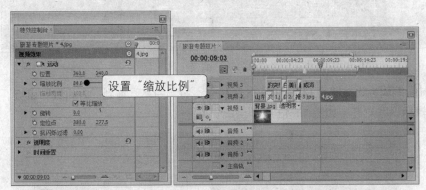

图 11.40　设置"缩放比例"

Step 05　为"3.jpg"的结束处添加"摆出"切换效果，如图 11.41 所示。

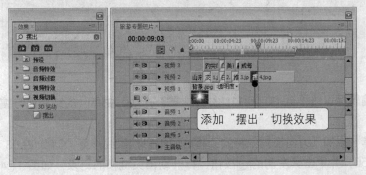

图 11.41　添加"摆出"切换效果

Step 06 按下 Ctrl+T 键，新建字幕，并将其命名为"曲阜"，单击"确定"按钮，进入字幕窗口。使用 **T** 按钮，在字幕编辑区域中输入"曲阜"，在"字幕属性"区域中，将"属性"下的"字体"设置为"HYXueJunJ"，将"字体大小"设置为 83，将"填充"区域下"填充类型"设置为"斜面"，将"高光色"RGB 值设置为 249、216、56，将"阴影色"，RGB 值设置为 249、216、56，添加一处"内侧边"，使用默认值，再添加一处"外侧边"，将"大小"设置为 5，设置为调整其位置，如图 11.42 所示，关闭字幕窗口。

图 11.42　编辑字幕

Step 07 将时间编辑标识线移至 00:00:09:03 的位置，将"曲阜"拖到"时间线"面板"视频 3"轨道中，与编辑标识线对齐，如图 11.43 所示。

图 11.43　拖入素材

Step 08 将时间编辑标识线移至 00:00:11:13 的位置，拖动"曲阜"的结束处与编辑标识线对齐，如图 11.44 所示。

Step 09 为"曲阜"添加"方向模糊"特效，将时间编辑标识线移至 00:00:09:03 的位置，将"模糊长度"设置为 50，并单击其左侧的 按钮，打开动画关键帧的记录，如图 11.45 所示。

Step 10 将时间编辑标识线移至 00:00:09:08 的位置，将"模糊长度"设置为 0，如图 11.46 所示。

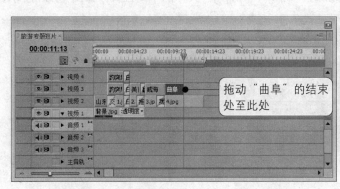

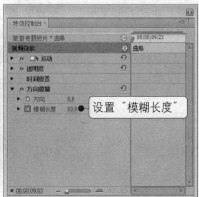

图 11.44　拖动素材结束处　　　　　　　　　　图 11.45　设置特效

Step 11 将时间编辑标识线移至 00:00:13:12 的位置，拖动 "4.jpg" 文件的结束处与编辑标识线对齐，如图 11.47 所示。

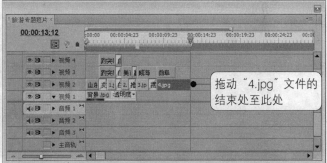

图 11.46　设置 "模糊长度" 关键帧　　　　　　图 11.47　调整素材结束处

11.1.8　拖入并设置素材

将素材拖至 "时间线" 面板中，操作步骤如下。

Step 01 将 "5.jpg" 文件拖至 "时间线" 面板 "视频 2" 轨道中，与 "4.jpg" 文件的结束处对齐，激活 "特效控制台" 面板，将 "位置" 设置为 360、276，取消 "运动" 区域下 "等比缩放" 复选框的勾选，将 "缩放高度" 设置为 56，"缩放宽度" 设置为 67，如图 11.48 所示。

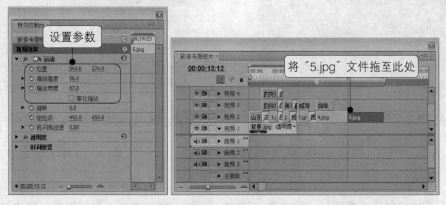

图 11.48　设置 "5.jpg"

Step 02 将"双侧平推门"切换效果添加到"4.jpg"、"5.jpg"文件的中间位置，如图 11.49 所示。

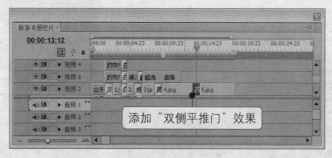

图 11.49　添加切换效果

Step 03 将时间编辑标识线移至 00:00:11:13 的位置，将"6.jpg"文件拖至"时间线"面板"视频 3"轨道中，与编辑标识线对齐，并将其选中。激活"特效控制台"面板，将"缩放比例"设置为 20，"位置"设置为-180、64，分别单击"位置"、"缩放比例"、"旋转"左侧的 按钮，打开动画关键帧的记录，如图 11.50 所示。

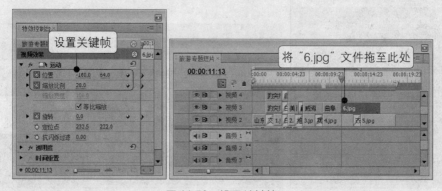

图 11.50　设置关键帧

Step 04 将时间编辑标识线移至 00:00:12:00 的位置，将"位置"设置为 538.1、144，如图 11.51 所示。

Step 05 将时间编辑标识线移至 00:00:12:11 的位置，"位置"设置为 176.3、360，将"缩放比例"设置为 50，将"旋转"设置为 339°，如图 11.52 所示。

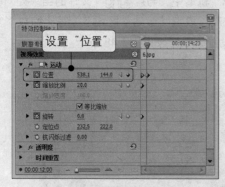

图 11.51　设置关键帧

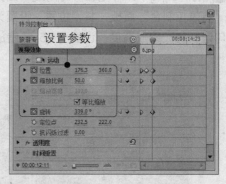

图 11.52　设置关键帧

11.1.9　创建并设置"蓬莱"、"黑龙潭"

通过字幕窗口创建"蓬莱"、"黑龙潭"，并拖至"时间线"面板中进行设置，操作如下。

Step 01 按下 Ctrl+T 键，新建字幕，并将其命名为"蓬莱"，单击"确定"按钮，进入字幕窗口。
使用 IT 按钮，在字幕编辑区域中输入"蓬莱"，单击"字幕样式"区域中的"Caslon Red 84"样式，
如图 11.53 所示，在"字幕属性"区域中，将"属性"下"字体"设置为 FZShuTi，将"字体大小"
设置为 89，"字距"设置为 36，调整它的位置。

图 11.53　创建并设置"蓬莱"

Step 02 关闭字幕窗口，在"时间线"面板中，确定编辑标识线位于 00:00:13:12 的位置，将"蓬
莱"拖至"时间线"面板"视频 4"轨道中与编辑标识线对齐，如图 11.54 所示。

图 11.54　将素材拖至时间线面板

Step 03 为"蓬莱"开始处添加"卷走"切换效果，如图 11.55 所示。

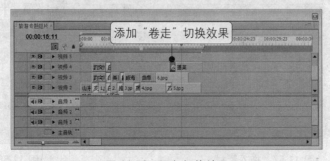

图 11.55　添加切换效果

Step 04 按下 Ctrl+T 键，新建字幕并将其命名为"黑龙潭"，单击"确定"按钮进入字幕窗口。使用 T 按钮，在字幕编辑区域中输入"泰安黑龙潭"，如图 11.56 所示，在"字幕样式"中选择"Hobo Black 75"字幕样式，在"字幕属性"区域中，将"属性"下的"字体"定义为 FZShuTi，选择"泰安"将"字体大小"设置为 63，选择"黑龙潭"将"字体大小"设置为 55，选择"泰安黑龙潭"将"字距"设置为-23，使用 工具将"泰安黑龙潭"进行旋转，使用 工具，调整其位置，如图 11.56 所示，然后关闭字幕窗口。

图 11.56 创建并设置字幕

Step 05 将时间编辑标识线移至 00:00:12:19 的位置，将"黑龙潭"拖至"时间线"面板"视频 5"轨道中，与编辑标识线对齐，如图 11.57 所示。

Step 06 为"黑龙潭"添加"球面化"特效，激活"特效控制台"面板中，将"球面化"下的"半径"设置为 120，"球面中心"设置为 165、378，并单击其左侧的 按钮，打开动画关键帧，如图 11.58 所示。

图 11.57 拖入素材

图 11.58 设置关键帧

Step 07 将时间编辑标识线移至 00:00:13:11 的位置，将"球面中心"设置为 700、68，如图 11.59 所示。

Step 08 将时间编辑标识线移至 00:00:15:13 的位置，拖动"5.jpg"文件的结束处与编辑标识线对齐，如图 11.60 所示。

图 11.59　设置关键帧　　　　　图 11.60　调整素材文件的结束处

Step 09 将时间编辑标识线移动至 00:00:13:11，将"时间线"面板"视频 3"轨道中"6.jpg"文件的结束处与编辑标识线对齐，如图 11.61 所示。

图 11.61　调整素材结束处

Step 10 将时间编辑标识线移至 00:00:13:11 的位置，将"黑龙潭"的结束处与编辑标识线对齐，如图 11.62 所示。

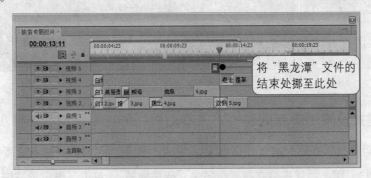

图 11.62　调整"黑龙潭"结束处

Step 11 将时间编辑标识线移动至 00:00:15:12 的位置，将"蓬莱"的结束处与编辑标识线对齐，如图 11.63 所示。

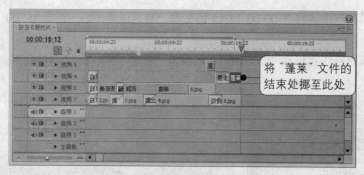

图 11.63　调整"蓬莱"结束处

11.1.10　拖入并设置素材

将"7.jpg"文件拖至"时间线"面板"视频 2"轨道中，与"5.jpg"文件的结束处对齐，并将其选中，如图 11.64 所示，在"特效控制台"面板中，将"运动"下的"缩放比例"设置为 139，将"漩涡"切换效果添加到"5.jpg"、"7.jpg"文件的中间位置，如图 11.65 所示。

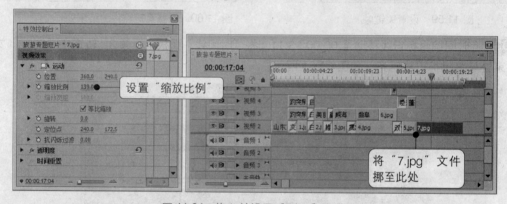

图 11.64　拖入并设置"7.jpg"文件

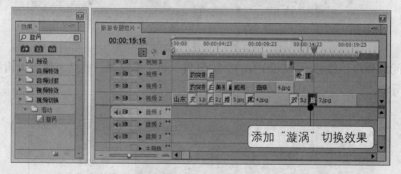

图 11.65　添加切换效果

11.1.11　创建并设置"庙岛列岛"、"泰山"

通过字幕窗口创建"庙岛列岛"、"泰山"，并拖至"时间线"面板中进行设置，操作如下。

Step 01 按下 Ctrl+T 键，新建字幕并将其命名为"庙岛列岛"，单击"确定"按钮进入字幕窗口。使用 T 按钮，在字幕编辑区域中输入"庙岛列岛"，在"字幕样式"中选择一种字幕样式"Caslon Italic Bluesky 64"，在"字幕属性"区域中，将"属性"下的"字体"定义为 FZShuTi，"字体大小"设置为 63，"字距"设置为-7，如图 11.66 所示。

Step 02 单击窗口上部的 ▤ 按钮，打开"滚动/游动选项"对话框，选择"左游动"选项，分别勾选
"开始于屏幕外"、"结束于屏幕外"复选框，单击"确定"按钮，关闭字幕窗口，如图 11.67 所示。

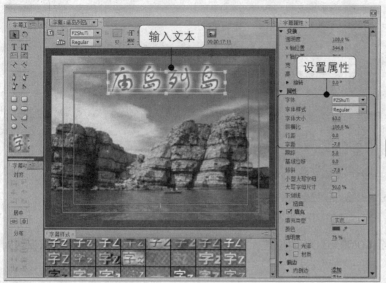

图 11.66　创建并设置"庙岛列岛"　　　　　图 11.67　设置"左游动"

Step 03 将时间编辑标识线拖至 00:00:15:13 的位置，将"庙岛列岛"拖到"时间线"面板"视频 3"
轨道与编辑标识线对齐，如图 11.68 所示。

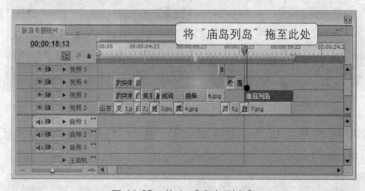

图 11.68　拖入"庙岛列岛"

Step 04 分将"漩涡"切换效果拖至"时间线"面板"视频 4"轨道中"蓬莱"的结束处，如图 11.69
所示。

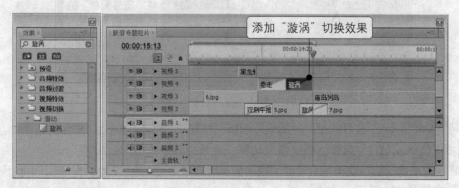

图 11.69　添加"漩涡"切换效果

Step 05 选中刚添加的"漩涡"切换效果，激活特效控制台面板，将"持续时间"设置为 00:00:00:05，如图 11.70 所示。

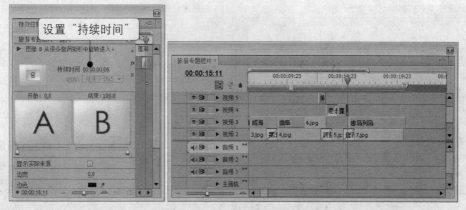

图 11.70 设置"持续时间"

Step 06 将时间编辑标识线移至 00:00:20:00 的位置，拖动"7.jpg"文件的结束处与编辑标识线对齐，如图 11.71 所示。

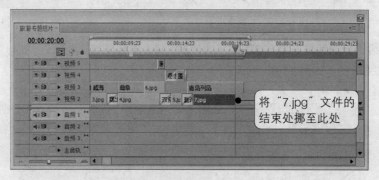

图 11.71 拖动"7.jpg"的结束处

Step 07 将时间编辑标识线移至 00:00:20:17 的位置，拖动"庙岛列岛"的结束处与编辑标识线对齐，如图 11.72 所示。

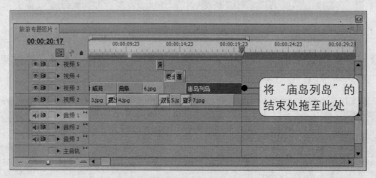

图 11.72 拖动"庙岛列岛"结束处

Step 08 将"泰山 1.jpg"文件拖至"时间线"面板"视频 2"轨道"7.jpg"文件的结束处，并将其选中，激活"特效控制台"面板，将"缩放比例"设置为 52，如图 11.73 所示。

Step 09 将"滑动带"切换效果拖至"时间线"面板"视频 2"轨道"7.jpg"、"泰山 1.jpg"文件的中间位置，如图 11.74 所示。

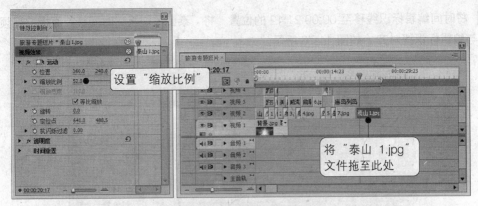

图 11.73　拖入并设置素材

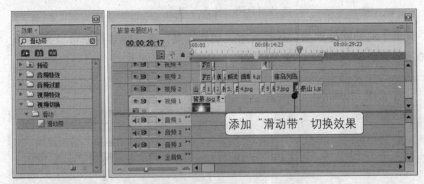

图 11.74　添加"滑动带"切换效果

Step 10　按下 Ctrl+T 键，新建字幕并将其命名为"泰山"，单击"确定"按钮进入字幕窗口。使用 T 按钮，在字幕编辑区域中输入"泰山"，在"字幕样式"区域中，单击"Poplar Puffy White 41"样式，在"字幕属性"区域中，将"属性"下的"字体"定义为"经典舒同体简"，将"字距"设置为 26，调整其位置，如图 11.75 所示，关闭字幕窗口。

图 11.75　创建并设置"泰山"

Step 11 将时间编辑标识线移至 00:00:21:12 的位置，将"泰山"拖至"时间线"面板"视频 3"轨道中，与编辑标识线对齐，如图 11.76 所示。

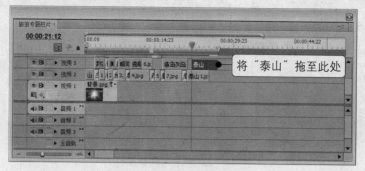

图 11.76 拖入"泰山"

Step 12 为"泰山"的开始处添加"抖动溶解"切换效果，在"特效控制台"面板中，将"持续时间"设置为 00:00:00:15，如图 11.77 所示。

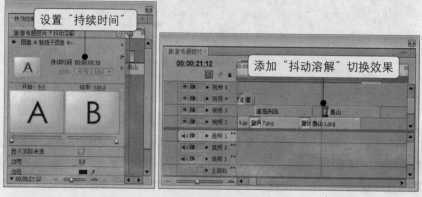

图 11.77 添加切换效果并设置持续时间

Step 13 将时间编辑标识线移至 00:00:23:08 的位置，拖动"泰山"的结束处与编辑标识线对齐，如图 11.78 所示。

Step 14 将时间编辑标识线移至 00:00:24:10 的位置，拖动"泰山 1.jpg"文件的结束处与编辑标识线对齐，如图 11.79 所示。

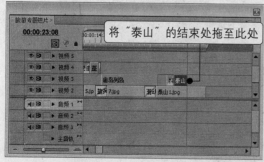

图 11.78 调整"泰山"的结束处

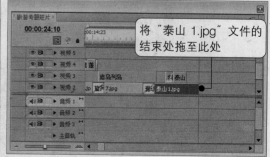

图 11.79 调整"泰山 1.jpg"文件的结束处

11.1.12 创建并设置"泰山 2.jpg"

创建并设置"泰山 2.jpg"的操作步骤如下。

Step 01 将时间编辑标识线移至 00:00:23:08 的位置，将 "泰山 2.jpg" 拖至 "时间线" 面板 "视频
3" 轨道上，将素材开始处与编辑标识线对齐，如图 11.80 所示。

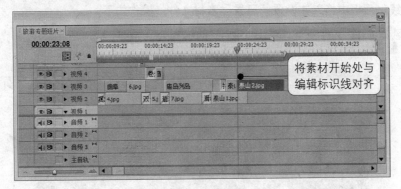

图 11.80 拖入素材

Step 02 选中 "泰山 2.jpg"，激活 "特效控制台" 面板，将 "运动" 区域下 "缩放比例" 设置为 65。
Step 03 为其添加 "高斯模糊" 特效，将时间编辑标识线移至 00:00:23:09 的位置，将 "模糊度"
设置为 0，并单击其左侧的 关键帧按钮，将时间编辑标识线移至 00:00:26:00 的位置，将 "模糊
度" 设置为 25，如图 11.81 所示。

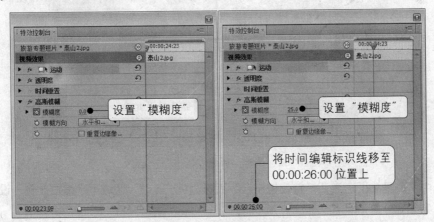

图 11.81 设置关键帧

Step 04 将时间编辑标识线拖至 00:00:25:01 的位置，将 "泰山 2.jpg" 结束处与编辑标识线对齐，
如图 11.82 所示。并为 "泰山 2.jpg" 结束处添加 "星形划像" 切换效果。将切换效果的 "持续时
间" 设置为 00:00:00:15，如图 11.83 所示。

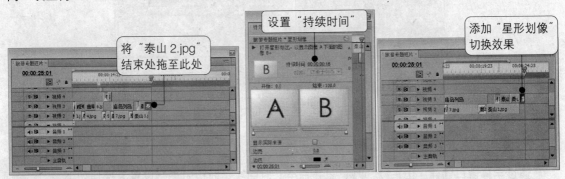

图 11.82 拖动素材结束处　　　　　　　　图 11.83 添加切换效果

11.1.13 拖入"风景"素材

向"时间线"面板中拖入并设置"风景"素材文件，操作如下。

Step 01 将"风景.jpg"文件拖至"泰山 1.jpg"的结束处，如图 11.84 所示。

图 11.84　拖入"风景.jpg"文件

Step 02 确定时间编辑标识线位于 00:00:27:03 的位置，拖动"风景.jpg"文件的结束处与编辑标识线对齐，如图 11.85 所示。

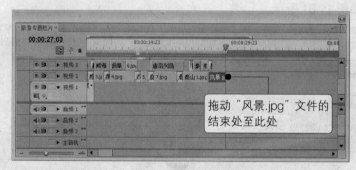

图 11.85　调整"风景.jpg"文件结束处

Step 03 选中"风景.jpg"，激活"特效控制台"面板，将"运动"区域下"缩放比例"设置为 149，如图 11.86 所示。

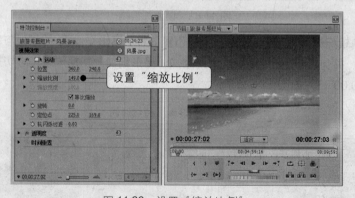

图 11.86　设置"缩放比例"

11.1.14 创建并设置字幕

通过字幕窗口创建"山东 欢迎您"，并拖至"时间线"面板中进行设置，操作如下。

Step 01 按下 Ctrl+T 键，新建字幕并将其命名为"山东 欢迎您"，单击"确定"按钮进入字幕窗口。

使用 T 按钮，在字幕编辑区域中输入"山东 欢迎您"，如图 11.87 所示，在"字幕样式"区域中单击"Minion Pro Black 89"样式，在"字幕属性"区域中将"属性"下的"字体"设置为"HYXueJunJ"，选中"山东"将"字体大小"设置为 107，选中"欢迎您"将"字体大小"设置为 88，调整"山东 欢迎您"的位置，如图 11.87 所示，关闭字幕窗口。

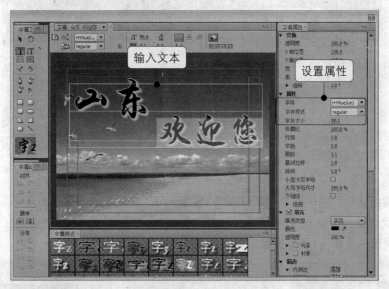

图 11.87　创建并设置"山东 欢迎您"

Step 02　将时间编辑标识线移至 00:00:25:11 的位置，将"山东 欢迎您"拖至"时间线"面板"视频 4"轨道中，与编辑标识线对齐，如图 11.88 所示。

图 11.88　拖入"山东 欢迎您"

Step 03　将时间编辑标识线移至 00:00:27:02 的位置，拖动"山东 欢迎您"结束处与编辑标识线对齐，如图 11.89 所示。

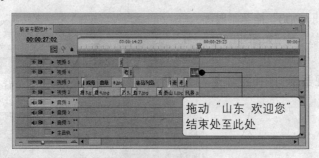

图 11.89　调整"山东 欢迎您"结束处

Step 04　为"山东 欢迎您"添加"镜头光晕"特效，将时间编辑标识线移至 00:00:25:11 的位置，激活"特效控制台"面板，将"镜头光晕"下的"光晕中心"设置为 6.6、85，将"光晕亮度"设置为 78%，分别单击"光晕中心"与"光晕亮度"左侧的 ⏱ 关键帧按钮，如图 11.90 所示。

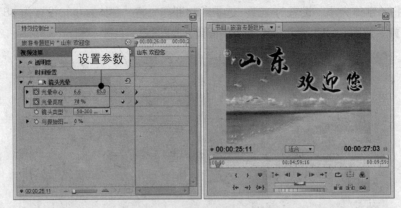

图 11.90　设置"镜头光晕"特效

Step 05 将时间编辑标识线移至 00:00:27:01 的位置，将"光晕中心"设置为 717.8、132，将"光晕亮度"设置为 132，如图 11.91 所示。

Step 06 单击"镜头光晕"，调整光晕路径，如图 11.92 所示。

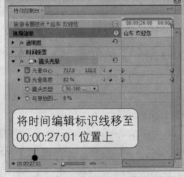

图 11.91　设置关键帧　　　　　　　　　　图 11.92　调整光晕路径

11.2　添加并设置音频素材

此时视频已经设置完成，下面将添加并设置音频素材。

为设置好的视频添加音频，并设置淡出效果，操作如下。

Step 01 将"背景音乐.mp3"拖至"时间线"面板"音频 1"轨道中，如图 11.93 所示。

Step 02 单击源监视器窗口中的 ▶ 按钮，进行播放。

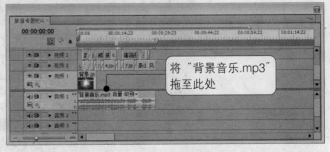

图 11.93　拖入音频素材

11.3 导出效果

此时整个旅游短片已经设置完成,下面将对视频的输出进行设置,其操作如下。

Step 01 在"时间线"面板中调整输出范围,选择"文件"|"导出"|"媒体"命令,打开"导出设置"对话框,设置"文件名",单击"保存"按钮,如图 11.94 所示。

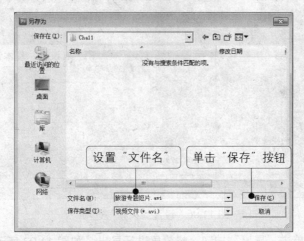

图 11.94 设置输出名称

Step 02 在"导出设置"选项组中,将"格式"设置为 Microsoft AVI,将"源范围"设置为"工作区域",如图 11.95 所示。

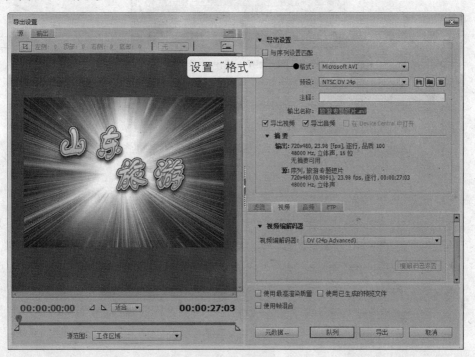

图 11.95 设置格式和源范围

Step 03 在面板右侧选择"视频"选项,将"画幅大小"的"宽度"设置为 720,将"高度"设置为 480,将"品质"设置为 100%,如图 11.96 所示。

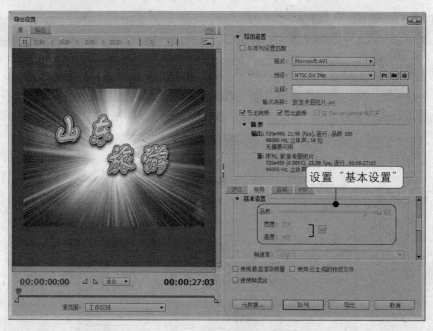

图 11.96　设置＂视频＂选项

Step 04 设置完成后，单击＂导出＂按钮，将效果进行导出，如图 11.97 所示。

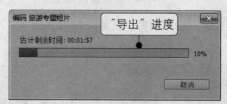

图 11.97　导出效果